新农村节能住宅建设系列丛书

节能住宅太阳能技术

张志刚　魏　璠　主编

U0271176

中国建筑工业出版社

图书在版编目(CIP)数据

节能住宅太阳能技术/张志刚,魏璠主编. —北京:中
国建筑工业出版社,2014.10
(新农村节能住宅建设系列丛书)
ISBN 978-7-112-17323-5

Ⅰ.①节… Ⅱ.①张…②魏… Ⅲ.①节能-农村住宅-
太阳能技术 Ⅳ.①TU241.4

中国版本图书馆 CIP 数据核字(2014)第 226990 号

　　本书是《新农村节能住宅建设系列丛书》之一。针对近年来我国北方寒冷地区农村住宅建筑
朝着节能化发展的情况,介绍农村住宅太阳能应用的途径和相关技术。全书共 8 章,包括:我国
寒冷地区村镇住宅建筑和能耗现状、太阳能基本知识、我国北方地区的太阳能资源、太阳能集热
器、太阳能热水技术、太阳能供暖技术、被动式太阳房、太阳能热泵供暖技术。本书可指导农村
住宅太阳能的应用,解决供暖、生活热水供应,从而达到节能、经济、提高居住质量的目的。
　　本书具有一定实践性和指导意义,既可以作为村镇干部的培训教材,也可作为社会主义新型
农民建设节能住宅的技术参考书。

＊　　　＊　　　＊

责任编辑:张　晶　吴越恺
责任设计:董建平
责任校对:李美娜　王雪竹

新农村节能住宅建设系列丛书
节能住宅太阳能技术
张志刚　魏　璠　主编

＊

中国建筑工业出版社出版、发行(北京西郊百万庄)

各地新华书店、建筑书店经销

北京红光制版公司制版

北京云浩印刷有限责任公司印刷

＊

开本:787×960 毫米　1/16　印张:11¾　字数:193 千字
2015 年 2 月第一版　　2015 年 2 月第一次印刷
定价:**30.00** 元
ISBN 978-7-112-17323-5
(26073)

编 委 会

序

  本套丛书是基于"十一五"国家科技支撑计划重大项目研究课题"村镇住宅节能技术标准模式集成示范研究"（2008BAJ08B20）的研究成果编著而成的。丛书主编为课题负责人、天津城建大学副校长王建廷教授。

  该课题的研究主要围绕我国新农村节能住宅建设，基于我国村镇的发展现状和开展村镇节能技术的实际需求，以城镇化理论、可持续发展理论、系统理论为指导，针对村镇地域差异大、新建和既有住宅数量多、非商品能源使用比例高、清洁能源用量小、用能结构不合理、住宅室内热舒适度差、缺乏适用技术引导和标准规范等问题，重点开展我国北方农村适用的建筑节能技术、可再生能源利用技术、污水资源化利用技术的研究及其集成研究；重点验证生态气候节能设计技术规程、传统采暖方式节能技术规程；对村镇住宅建筑节能技术进行综合示范。

  本套丛书是该课题研究成果的总结，也是新农村节能住宅建设的重要参考资料。丛书共7本，《节能住宅规划技术》由天津市城市规划设计研究院郑向阳正高级规划师、天津城建大学张戈教授任主编；《节能住宅施工技术》由天津城建大学刘戈教授任主编；《节能住宅污水处理技术》由天津城建大学文科军教授任主编；《节能住宅有机垃圾处理技术》由天津城建大学吴丽萍教授任主编；《节能住宅沼气技术》由天津城建大学常茹教授任主编；《节能住宅太阳能技术》由天津城建大学张志刚、魏璠副教授任主编；《村镇节能型住宅相关标准及其应用》由天津城建大学任绳凤教授、王昌凤副教授、李宪莉讲师任主编。

  丛书的编写得到了科技部农村科技司和中国农村技术开发中心领导的

大力支持。王喆副司长，于双民处长和王俊副处长给予了多方面指导，王喆副司长亲自担任编委会主任，确保了丛书服务农村的方向性和科学性。课题示范单位蓟县毛家峪李锁书记，天津城建大学的龙天炜教授、赵国敏副教授为本丛书的完成提出了宝贵的意见和建议。

　　丛书是课题组集体智慧的结晶，编写组总结课题研究成果和示范项目建设经验，从我国农村建设节能型住宅的现实需要出发，注重知识性和实用性的有机结合，以期普及科学技术知识，为我国广大农村节能住宅的建设做出贡献。

丛书主编：王建廷

前　　言

本书是《新农村节能住宅建设系列丛书》之一，针对近年来我国太阳能应用技术的发展和北方寒冷地区农村住宅的建设情况，介绍农村住宅太阳能利用的途径和相关技术。

全书共 8 章。第 1 章介绍了我国寒冷地区的地域划分，基于对寒冷地区村镇住宅建筑结构形式和用能方式的调研，对能耗现状进行了分析。第 2 章介绍了太阳能的基本知识，此部分为太阳能应用的基础。第 3 章介绍了我国太阳能资源的分布情况，介绍了我国北方地区太阳能资源的特点和利用现状，说明了我国北方地区太阳能利用的广阔前景。第 4 章介绍了太阳能集热器产业在我国发展情况，主要讲述了平板集热器、真空管集热器及聚光型集热器的工作原理，并对集热器的应用方式进行了介绍，提出了集热器的选择原则。第 5 章介绍了太阳能热水技术，重点描述了户式太阳能热水系统和小型太阳能热水系统的结构形式、系统流程，及在户型匹配方面如何进行系统选择。此外，介绍了太阳能热水系统维护和管理的相关要求、安装和日常使用中的相关常识，并对如何选购太阳能热水系统提供了参考。第 6 章介绍了太阳能供暖技术。太阳能供暖系统主要由太阳能集热器、换热储热装置、控制系统、辅助加热设备、水泵、连接管道和末端散热装置等组成。本章分别从系统的组成、设计、安装和维护的角度做了具体的说明，对太阳能采暖系统在我国的应用前景进行了展望。第 7 章对被动式太阳能房进行了介绍，从太阳能利用原理、结构、设计、施工等角度进行了论述。本章与第 6 章分别从被动和主动的角度描述了太阳能热用于供暖的利用技术。第 8 章重点介绍了一种新型太阳能供暖技术—太阳能＼空气源复合热泵的供暖技术。以天津蓟县毛家裕的示范工程为例，对系统的设计、选型、运行效果进行了介绍，最后对系统的经济性进行了分析。

本书由张志刚、魏璠撰写，天津城建大学建筑环境与能源应用专业相关教师、硕士生做了一些资料收集和文字录入工作，在此表示感谢！

本书可指导农村住宅太阳能的应用，解决供暖、生活热水供应，从而达到节能、经济、提高居住质量的目的。

本书具有一定实践性和指导意义，既可以作为村镇干部的培训教材，也可作为社会主义新型农民建设节能住宅的技术参考书。

目　　录

我国幅员辽阔，地形复杂。各地由于纬度、地势和地理条件不同，从建筑热工设计的角度出发，可以划分为五个分区，即严寒、寒冷、夏热冬冷、夏热冬暖和温和地区。

其中，寒冷地区在我国分布较广，包括了天津、北京、河北、山东、山西、陕西、甘肃、河南、内蒙古、宁夏和辽宁、新疆等部分地区。这类地区冬季温度普遍较低，采暖耗热量大。为了满足冬季保温的要求，除了要保证供暖以外，加强建筑本身的节能效果也是非常重要的。这一点在农村地区尤其显得重要。因为，城镇新建建筑的设计和建造要求严格执行国家和地方颁布的节能标准，而前期建设的不节能建筑也进行了大规模的节能改造。然而，在我国农村，由于缺乏规范性的设计标准和专业施工队伍，住宅的建设还是沿用传统的方法。以我国北方寒冷地区为例，居住建筑的房屋类型、建造年代、围护结构、室内环境调节方式等都没有一个统一的标准，相应的节能标准更是缺乏，这对减少冬季采暖的能耗支出都是不利的。

1.1 建筑形式及能耗现状调查

1.1.1 调查内容

以我国寒冷地区农村为例，对农村住宅的建筑形式和供暖方式进行了调查。调查的城市包括天津、北京、河北、山东、山西、陕西、甘肃、河南、内蒙古、宁夏和辽宁部分地区等。调查的内容见表1-1。

调 查 内 容　　　　　　　　　　　　　　　　　　　　表 1-1

房屋 类型	建造 年代	建筑 面积	墙体 结构	屋顶 结构	外窗 类型	外窗 面积	外门 类型	外门 面积	供暖 形式	供冷 形式

1.1.2 调查结果

1. 建筑情况

我国的农村建筑大多数建于 1990 年以后，绝大多数为平房，面积在 $100m^2$ 左右，墙体主要采用传统的 370 砖墙，屋顶以木支撑的瓦面斜屋顶为主，约有一半的外门采用平开木门，外窗的形式种类繁多，包括木质、铁质、铝合金、塑钢框平开和推拉窗。其中普通单层玻璃窗占到 70%，木框单玻平开窗的比例最大，为 33.6%。对建筑基本情况调查结果统计如图 1-1～图 1-7 所示。

2. 供暖、制冷方式

因为冬季温度较低，几乎所有的建筑均采取了供暖措施。土炕取暖是主要的供暖方式，占总数的 81.7%；第二大取暖方式是依靠火炉，比例为 49.6%；而安装土暖气进行取暖也是比较普遍的方式，占总数的 38.8%。这些取暖方式的能量来源主要以煤和柴的燃烧为主，所以农村冬季取暖的能源仍以煤和柴为主。然而在夏季，人们很少使用空调制冷，19.8% 的建筑依靠自然通风度过夏季，65.3% 的建筑使用电风扇。所以，在我国寒冷地区的农村住宅室内的能耗主要在冬季取暖的能耗。如图 1-8、图 1-9 所示。

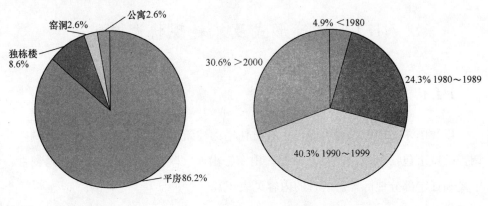

图 1-1　房屋类型　　　　　　　　　图 1-2　房屋建设年代

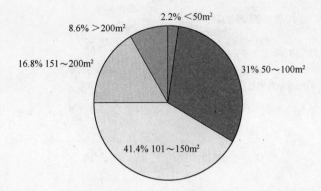

图 1-3 建筑面积

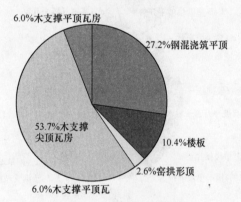

图 1-4 屋顶结构

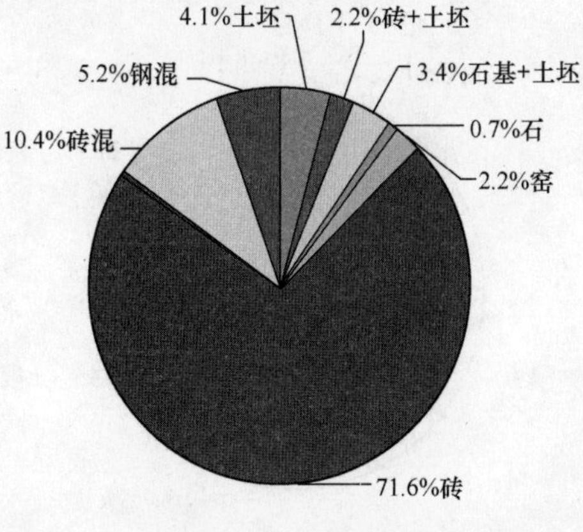

图 1-5 墙体结构

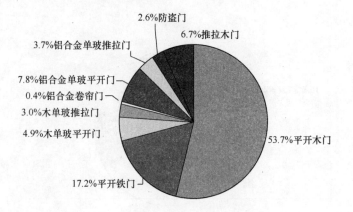

图 1-6 外门类型

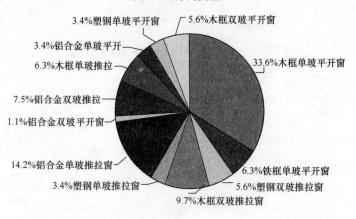

图 1-7 外窗类型

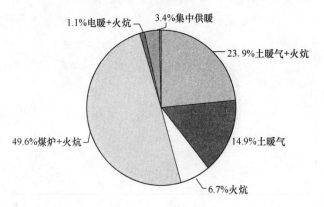

图 1-8 供暖形式

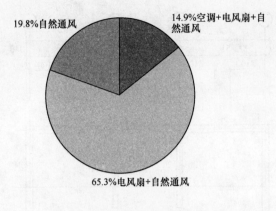

图 1-9　供冷形式

1.2　能耗现状分析

目前，我国北方农村居住建筑多为"一明两暗"式，建筑结构和尺寸如图 1-10 所示。中间为厅，两侧为卧室，建筑体型 15m ×6m×3m，建筑热工性能见表 1-2。

典型建筑结构形式和热工性能　　　　　　　　　　　　　表 1-2

建筑结构	370mm 砖墙	木支撑 斜屋顶瓦（苇席＋油毡）＋ 石膏板吊顶	木框单玻 平开窗	木平开门	非保温地板
热工性能 W/(m² · ℃)	1.56	1.00	5.82	4.65	0.23

据此，按照我国寒冷地区 24 个城市典型年气象参数，对寒冷地区农村居住建筑设计热负荷和年耗热量进行了计算。结果表明，建筑设计热负荷最大为兰州 182 W/m²，最小为徐州 156 W/m²，24 个地区的设计热负荷平均值 178 W/m²。建筑物耗热量指标最大为兰州 149 W/m²，最小为徐州 115 W/m²，24 个地区平均耗热量指标为 132 W/m²。造成各地区的负荷数值不同主要与供暖室外计算温度及风速有关。24 个地方建筑设计热负荷与耗热量指标如图 1-11～图 1-12 所示。

我国寒冷地区农村住宅属于非节能型建筑，建筑热工性能和建筑供暖负荷与节能建筑相差很大，并且 70％的建筑年龄不到 20 年，除了颁布相关的标准对新

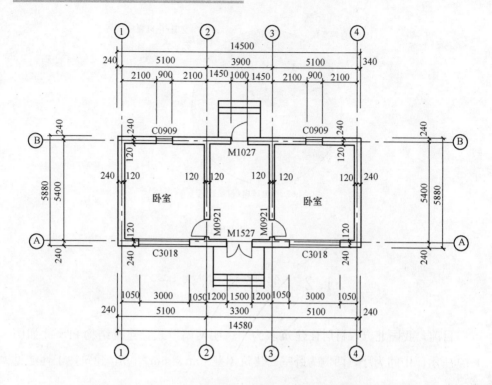

图 1-10 北方农村典型居住建筑平面图

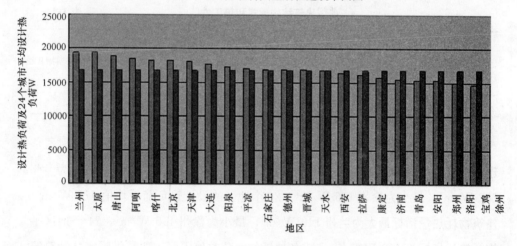

图 1-11 不同地区建筑设计热负荷及平均设计热负荷

建建筑加以规范以外，对既有建筑的节能改造也是势在必行。

通过以上的调研，可以发现，我国农村住宅的建筑能耗是很大的。一方面是因为建筑房屋的材料和方式比较传统，使得建筑本身的保温性能差；另一方面是因为供暖和供冷采用传统煤炭、薪柴等，效率低下。所以，为了解决这些问题，可以从建造多层住宅、联排房屋等方式降低房屋体形系数，进行外窗、外墙保温以及利用新型供暖装置等着手改造，从而降低建筑取暖能耗。

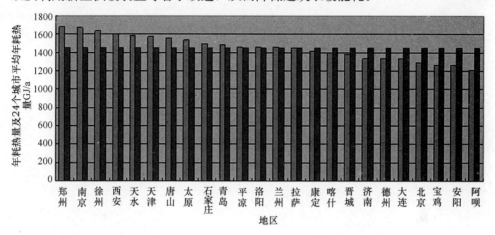

图 1-12　不同地区建筑设计热负荷及年平均耗热量

太阳能基本知识 2

2.1 太阳能的来源

太阳从东方升起，到西方降落，太阳带来了温暖，使生物和人类生长、发育，这是人们所熟悉的自然现象。此外，太阳照射的变化，还引起昼夜和四季的更替，造成大气层中的风、雨、雷、电。那么，它的能量是从哪里来的呢？这是我们要考察的问题。

首先，我们要了解太阳的构造。简单地说，太阳是一个炽热的大气体球。它的直径大约为 139 万公里，是地球直径的 109 倍，它的体积是地球的 130 万倍，而它的质量为地球的 33 万倍，所以，它的密度只是地球的 1/4。太阳通常可分为内部和太阳大气两大部分。太阳内部的结构，可以分为产能核心区、辐射输能区和对流区 3 个范围非常广阔的区域（图 2-1）。太阳的物质几乎全部集中在内部，大气在太阳总质量中所占的比重极小。太阳的主要成分是氢和氦，其中氢约占 78%，氦约占 20%。它的温度极高，表面温度为 5497℃。太阳内部的温度更高。太阳的中心，温度高达 1500 万～2000 万℃，压力高达 340 多亿兆帕，密度高达 160g/cm³。

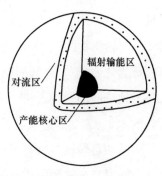

图 2-1　太阳内部结构图

太阳的内部具有巨大无比的能量，一刻不停地向外发射着光和热，这能量来源于太阳内部的热核反应，即氢聚变成氦的聚变反应。在太阳内部的深处，由于有极高的温度和上面各层的巨大压力，使原子核反应不断进行。4 个氢原子核经过一连串的核反应，变成 1 个氦原子核，其亏损的质量便转化成了能量向空间辐射。太阳上不断进行着的这种热核反应，所产生的能量，相当于 1 秒钟内爆炸 910 亿个 100 万吨 TNT 级的氢弹，总辐射功率达 3.75×10^{26} W。平均来说，在地球大气外面正对着太阳的 $1m^2$ 的面积上，接受的太阳能量大约为 1367W。这个数字就是太阳常数（见本章第三节）。

2.2 地球的运动与太阳

2.2.1 地球的相对运动

想要了解太阳辐射的基本知识和日照变化规律，就必须首先了解地球与太阳的运动规律。

1. 地球的自转与公转

众所周知，地球每天绕着通过它本身南极和北极的"地轴"自西向东地自转一周。每转一周（360°）为一昼夜，一昼夜又分为 24 小时，所以地球每小时自转 15°。地球除了自转外，还绕太阳循着偏心率很小的椭圆形轨道（黄道）上运行，称为"公转"，公转周期为一年。太阳位于椭圆形轨道的一个焦点上，因此太阳与地球间的距离并非一定，在一年之中是变化的。1 月 1 日两者的距离最近，约为 1.47×10^8 km；7 月 1 日两者的距离最远，约为 1.53×10^8 km。

地球的自转轴与公转运行的轨道面（黄道面）的法线的夹角为 23°27′，而且地球公转时其自转轴的方向始终不变，总是指向地球的北极。因此，地球处于运行轨道的不同位置时，阳光辐射到地球上的方向也就不同，形成地球四季的变化。图 2-2 表示地球绕太阳运行的四个典型季节日的地球公转的行程图。春分和秋分日，太阳直射赤道，赤道地区的中午太阳刚好在头顶上，出现炎日当空的天气，而南北半球的地区，则处于不冷不热的气候。北半球的夏至日，太阳光垂直照射在北纬 23°27′的地面上，北半球出现相对较热的天气，南半球则比较冷。在北半球的冬至日，太阳在地球上的直射点移至南纬 23°27′，南半球开始出现比较热的天气，而北半球则比较寒冷。图 2-3 表示对应于上述四个典型季节日地球受到太阳照射的情况。

地球中心与太阳中心的连线与地球赤道平面的夹角称为赤纬（或赤纬角）。

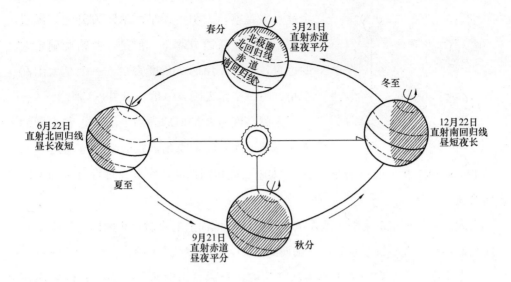

图 2-2 地球绕太阳运行示意图

由于地轴的倾斜角永远保持不变,致使赤纬随时都在变化。赤纬角度的逐日变化是导致地球表面上太阳辐射分布变化,昼夜时间长短变化以及任何给定地区冬夏各季太阳辐射强度有很大变化的主要原因。

2. 太阳时和时差

钟表指示的时间是均匀的,又称平均太阳时。真太阳时是以当地太阳位于正南向的瞬时为正午,地球自转 $15°$ 为 1 小时。但由于太阳与地球之间的距离和相对位置随时间在变化,以及地球赤道与其绕太阳

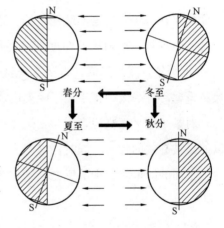

图 2-3 四个典型季节日地球受到
太阳照射示意图

运行轨道所处平面的不一致,致使真太阳时有时快一些,有时慢一些。因此,真太阳时与平均太阳时之间就会有所差异,将它们的差值称为时差。

2.2.2 太阳在空间的位置

地面上的太阳辐射强度和它入射到大气层中的角度有关,而这个角度显然和太阳的位置有关,实际上是和太阳与地面观察点的相对位置有关。从地面上某一

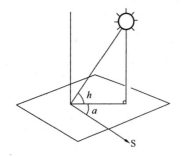

图 2-4 太阳高度角与方位角

个地点来观察，太阳每天早晨从东方升起，经过天空，晚间又从西方落下。但是，要精确确定它的位置，就必须用两个角度表示：一个是太阳高度角，另一个是太阳方位角，如图 2-4 所示。

太阳高度角 h 是地球表面上的某点和太阳的连线与地平面之间的交角，它的变化范围是 $0°\sim 90°$。太阳高度角随地区，季节和每日时刻的不同而改变。

太阳方位角 α 是太阳至地面上某点连线在地面上的投影与正南向（当地子午线）的夹角。太阳偏东时为负，偏西时为正，它的变化范围是 $-180°\sim +180°$。

太阳高度角 h 在一天中是不断变化的。早晨日出时最低，为 $0°$；以后逐渐增加，到正午时最高，为 $90°$；下午，又逐渐减小，到日落时，降低到 $0°$。太阳高度角 h 在一年中也是不断变化的。这是因为地球不仅在自转，而且又绕着太阳公转。上半年，太阳从低纬度到高纬度逐日升高，直到夏至正午，达到最高点 $90°$。下半年，逐日降低，直至冬至日，降低到最低点。这就使得一年中夏季炎热冬季寒冷，一天中正午比早晚温度高。

对某一地平面来说，因为太阳高度角 h 小时，光线穿过大气的路程较长，所以能量被衰减的较多。同时，又因为光线以较小的角度投射到地平面上，所以到达地平面的能量就较少。反之，则较多。

2.3 地球表面上的太阳辐射

2.3.1 太阳常数和太阳光谱

1. 太阳常数

到达地球表面的太阳辐射能会受到各种因素的影响，如太阳高度、大气质量、所处地理纬度、海拔高度等，使其任意时刻都在发生变化。为了科研实验研究的便利，需要一个确切的数值进行描述，就是地球在单位面积上单位时间内能够接收多少太阳能。虽然太阳和地球之间的距离不是一个常数，但是实际上由于日地之间距离很大，使得他们的相对变化量很小，由此引起太阳辐射的相对变化不超过 3.4%。由于这一特点，以及太阳与地球之间的空间几何关系，使得在地球大气层外与太阳光线垂直面上的太阳辐射强度几乎是定值，太阳常数就是由此得来。

太阳常数是指在日地平均距离处（这个平均距离大约为 1.5 亿公里），地球大气层外，垂直于太阳光线的平面上，单位面积、单位时间内所接收到的太阳辐射能，以符号 I_0 表示，单位为 W/m^2。

太阳辐射在穿过大气层时被减弱，这种减弱主要是由于大气中的各种成分对太阳辐射的吸收和散射引起的。大气中的各种成分对各种不同波长的太阳辐射的吸收和散射的作用是不同的，但总的说来，在地面垂直于太阳辐射的平面上测得的最大辐射强度大约是太阳常数的 80%，也就是说，被大气吸收和散射的太阳辐射至少约占太阳常数的 20% 左右。

过去对太阳常数的测量，都是根据在大气层中的测量结果进行估算的。自从有了人造卫星和宇宙飞船，就可以在大气层外，对太阳常数进行直接测量了。20 世纪 60 年代根据美国航空和航天局和美国材料及试验学会测定，太阳常数为 $1353W/m^2$。1981 年 10 月，世界气象组织仪器和观测方法委员会在墨西哥召开的第八届会议上，通过了近年来大量实测结果建议确定太阳常数为 $1367 \pm 7W/m^2$。看来，太阳常数虽然随时间有所变化，但其变化是在测量精确度范围以内的。对于太阳能利用技术的研究和开发来说，完全可以把它当作一个常数来处理。

2. 太阳光谱

太阳是以光辐射的方式把能量输送到地球表面上来的。利用太阳能，就是利用太阳光线的能量。人们肉眼所见的太阳光是由红、橙、黄、绿、青、蓝、紫 7 种颜色的光所组成，各种颜色的光都有相应的波长范围。通常把太阳光的各色光按频率或波长大小的次序排列成的光带图，叫做太阳光谱。

整个太阳光谱包括紫外区、可见区和红外区 3 个部分。其中，波长小于 $0.4\mu m$ 的紫外区，发出紫外线；波长为 $0.4 \sim 0.76\mu m$ 的是可见区，发出可见光；波长大于 $0.76\mu m$ 的是红外区，发出红外线。在可见光谱的波长范围内，不同波长的电磁辐射对于人眼产生不同的颜色感觉。表 2-1 列出了各种颜色的波长及其光谱的范围。

各种不同颜色光的波长   表 2-1

颜色	波长（μm）	标准波长（μm）
紫	0.390～0.455	0.430
蓝	0.455～0.485	0.470
青	0.485～0.505	0.495
绿	0.505～0.550	0.530
黄绿	0.550～0.575	0.560
黄	0.575～0.585	0.580
橙	0.585～0.620	0.600
红	0.620～0.760	0.640

图 2-5 是太阳光谱的能量分布曲线。可见，太阳辐射的绝大部分能量主要集中在 $0.3～3.0\mu m$ 的波长范围内，占总能量的 99%。其中，紫外区的光线占的比例很小，大约为 8.03%；主要是可见区和红外区的光线，分别占 46.43% 和 45.54%。

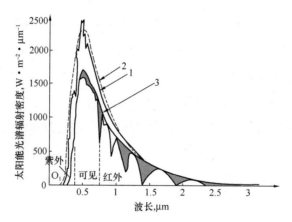

图 2-5   太阳辐射的光谱分布图光谱

1—大气层外太阳辐射；2—温度为 5762K 黑体辐射；

3—大气散射和吸收后垂直入射到地面太阳辐射

太阳光中不同波长的光线具有不同的能量。在地球大气层的外表面具有最大能量的光线，其波长大约为 $0.48\mu m$。但是在地面上，由于大气层的存在，太阳辐射穿过大气层时，紫外线和红外线被大气吸收较多，所以太阳辐射能随波长的分布情况比较复杂。大体情况为：晴朗的白天，在中午前后的 4～5 个小时内，能量最大的光是绿光和黄光部分；而在早晨和晚间这两段时间，能量最大的光为红光部分。

在太阳光谱中，不同波长的光线对物质产生的作用和穿透物体的本领是不同的。紫外线很活跃，它能产生强烈的化学作用、生物作用和激发荧光等；红外线很不活跃，被物体吸收后主要引起热效应；可见光由于频率范围较宽，既可起杀菌作用，被物体吸收后也可变为热量。

2.3.2 地球表面上的太阳辐射

1. 大气对太阳辐射的吸收、散射和反射作用

上面介绍的是地球大气层外的太阳光谱，但是，太阳能转换系统大部分都安装在地面上，所以，地面上的太阳全辐射和光谱，对太阳能利用来说，有着更直接的关系。太阳辐射穿过地球大气层时，由于受大气的散射、反射和吸收的影响，到达地面的太阳辐射明显地减弱，光谱分布也发生了变化，如图2-5中的曲线3所示。所以，了解大气层的影响对研究地面的太阳辐射十分重要。

大气中的空气分子、尘埃、水滴、冰晶等粒子会改变太阳辐射的传播方向，这就是散射。其中，气体分子对短波辐射的散射作用比对长波辐射强很多，而灰尘、水滴、冰晶等粗粒子对长波辐射的散射作用较强。所以，从太阳光谱的范围来看，长波和短波散射的差异也就减小了。大气的散射集中在能量比较大的可见光波段，是造成太阳辐射衰减的主要因素之一。大气的散射可在相当大范围内变化，它取决于太阳高度、云量、云厚、云状、大气透明度和海拔高度等因素，其中尤其以云的变化对散射的影响最大。例如，全阴天时的散射辐射比晴天时的大1至2倍，有云隙和透光的高积云或积云散射辐射更可增至8倍以上。

太阳辐射投射到地球表面会发生反射作用。地球对太阳辐射的反射主要由二部分组成：大气反射和地表反射。大气反射主要指大气中的水分子、小水滴、灰尘等大粒子及云层对太阳辐射的反射。其中大粒子的反射约为入射辐射的8%；云层的反射随云状、云厚变化较大，平均约为入射辐射的25%。太阳辐射透过大气到达地球表面也会发生反射，地球表面的反射约为入射辐射的2%~3%。

大气外和地面太阳光谱曲线的差异，主要是由大气吸收造成的。水汽对太阳辐射的吸收起着十分重要的作用，其吸收带大部分集中在红外区，可见光区内也有一部分。当大气中的水汽含量相当大时，水汽的吸收可占入射辐射的10%左

右。臭氧吸收的主要是紫外线，约占入射辐射的 2.1%。此外，氧和二氧化碳对太阳辐射也有一定的吸收作用，但影响不大。

2. 太阳直射辐射强度和散射辐射强度

透过大气层到达地面的太阳辐射中，一部分是通过直线路径射来的光线，方向未发生改变，称为"太阳直射辐射"；另一部分由于被气体分子，液体或固体颗粒反射，改变了方向，达到地球表面时无特定方向，称为"太阳散射辐射"。太阳直接辐射被物体遮蔽时，能在其后形成边界清楚的阴影。而散射辐射不能被物体遮蔽形成边界清楚的阴影。直射辐射和散射辐射的总和，称为太阳总辐射或简称太阳辐射。

太阳辐射的强度，一般都以某一平面上的辐射强度来表示，即以该平面上每平方米接收到的辐射功率瓦数来表示。

直射辐射强度显然与太阳的位置以及接收面的方位和对地平面的倾斜度有很大的关系，实际上就是与入射线与接收面法线的夹角，即入射角有关。

散射辐射随地点的不同而有很大的差异。这种差异是由大气条件（灰尘、烟、水蒸气、空气分子和其他悬浮物质含量）以及阳光通过大气的路径的不同引起的。一般说来，在晴朗无云的情况下，散射辐射的成分较小，在阴天、多烟尘的情况下，散射辐射的成分较大。

直射辐射和反射辐射能量的差别很大。一般来说，晴朗的白天直接辐射占总辐射的大部分，阴雨天散射辐射占总辐射的大部分，夜晚则完全是散射辐射。利用太阳能实际上是利用太阳的总辐射，但对大多数太阳能设备来说，主要是利用太阳辐射能的直接辐射部分。

2.4 太阳能量的吸收、转换和储存

太阳能的吸收其实也包含转换。例如：太阳光照射在物体上，被物体吸收，物体的温度升高，这就是太阳光能转变成为热能。太阳光照射在太阳电池上被吸收，在电极上产生电压，能通过外电路输出电能，就是把太阳光能转变成电能。太阳光照射在植物的叶子上，被叶绿体吸收，通过光合作用变成化学能，而且贮存在植物体中，维持植物生命并促使它生长，在这里太阳能的吸收不仅包含转

换，甚至也和能量的贮存有关。

太阳光被吸收、转换成为热能是最普遍、最常见的，因而也是目前最广泛的利用方式。

当太阳辐射能入射到任何材料的表面上时，有一部分被反射出去，一部分被材料吸收，另一部分会透过材料。如果入射的辐射能为 Q，根据能量守恒的原理，它应当等于被材料反射的能量、吸收的能量和透过材料的能量之和，用数学式表示如下：

$$Q = Q_\alpha + Q_\rho + Q_\tau \tag{2-1}$$

式中　α——材料对辐射能的吸收率；

　　　ρ——材料对辐射能的反射率；

　　　τ——材料对辐射能的透过率；

满足：$\alpha + \rho + \tau = 1$。

这三个量的大小，不但与物质表面温度、物理特性、几何形状、材料性质有关，而且与辐射能的波长有关。当 $\tau = 0$ 时，物体是不透明体；当 $\alpha = 1$ 时，表示入射能全被物体吸收，这种物体称为黑体。反射分为两种，一种是镜面反射，另一种是漫反射。镜面反射服从入射角等于反射角的反射定律，这在改变太阳光的方向，使它聚集在聚光器中有用。漫反射使入射辐射在反射后分散到各个方向上。通常实际物体的表面均具有这两种反射的性质，只是各占的比例不同而已。

太阳辐射能的吸收是由太阳能设备的吸收表面来完成的，吸收表面可称为吸收器。吸收器的作用是将太阳能收集器收集来的太阳能尽量多地吸收，再转换成热能——热量。

在太阳能热水器和太阳能蒸汽锅炉等设备中，吸收表面通常是涂黑的金属表面，这种涂黑表面能很有效地吸收太阳辐射整个光谱区的能量，并转换为热量。对太阳能吸收器来说，都要求其吸收表面能最大限度地吸收太阳辐射能，进而再转换成各种所需形式的能量。

2.5　太阳能的特点

太阳能虽然有许多常规能源所没有的优点，但也存在它本身所固有的缺点。

在利用太阳能时，应该"扬长避短"，充分利用它的优点为人类服务，同时尽量避免和克服它的缺点，只有这样，才能最大限度地发挥它的效能。

2.5.1 太阳能的优点

太阳能的优点很多，并且有些优点是其他能源无法比拟的。概括起来，可归结成"一大二公三长四洁"。

(1)"一大"是说太阳能的数量巨大

举例来说，假如把目前全世界人类每年所用的各种能源（包括常规能源和核能）比做 1 吨黄色的炸药爆炸时所发出的能量的话，那么每年到达地球表面能供人类利用的太阳辐射能就相当于一颗原子弹（2×10^4 吨 TNT 级）爆炸时所发出的能量，整个太阳在短短的 1 秒钟内发出的能量，相当于在 1 秒钟内爆炸 900 亿颗百万吨 TNT 级氢弹所释放出来的能量，这些能量足以把十多亿立方千米的冰融化成水！

(2)"二公"是说太阳能普照大地

太阳能是"送货上门"，并且是大公无私，不偏不倚的。它分布广阔，获取方便。尽管由于地理和气候条件的差异，各地可以利用的太阳能资源多少有所不同，但它既不需要开采和挖掘，又不需要运输，它把能量无私地奉献给地球上所有的生物，即"万物生长靠太阳"。

(3)"三长"是说太阳能时间长久

常言道"天长地久"，太阳能普照万物是长不可测的。根据恒星演化的理论，太阳能按照目前的功率辐射能量，其时间大约可以持续 100 亿年。按照天文和地质观测的结果，已知太阳系的生成年龄大约为 45 亿年左右。因此可以说，太阳维持目前的辐射功率的时间，还能够比太阳系已经生成的年龄多出不少时间。所以人们常说，太阳的光辉是无限的，太阳能是"取之不尽，用之不竭"的。尽管科学地说，太阳系总有一天要消亡，太阳的光芒总有一天会"熄灭"。但它不像地球上所蕴藏的常规能源那样，会在几百年后就完全"枯竭"，无以为继。

(4)"四洁"是说太阳能清洁干净

太阳能利用起来干净卫生，对于万物生存环境无污染，是当之无愧的"清洁能源"。这是太阳能独有的优点，远非其他常规能源所能比拟。目前人类所利用的常规能源，都严重地污染环境，既污染大气，又污染水源，还造成"酸雨"，毁坏庄稼、森林、动物和植物以及人体健康，而太阳能就丝毫不存在此类问题。

2.5.2 太阳能的缺点

太阳能作为一种自然能源虽具有上述许多优点，并且有些优点还是它特有的，但是，它也不可避免地存在一些本身的缺点，使它未能迅速地大面积推广和应用。概括地说，不外乎是"一弱二断三不稳"。

（1）"一弱"是说太阳能的强度弱

在单位时间内投射到单位面积上的太阳能是相当少的。以到达地球大气上界的太阳能来说，太阳常数的值就表明了这个强度的大小，即在地球大气层外每平方米垂直于太阳光线的面积上接收到的太阳辐射功率只有 1353W。而垂直投射到地球表面每平方米面积上的太阳辐射功率只有约 640W，相当于 $1m^2$ 的面积上放一只 640W 的电炉。

（2）"二断"是说太阳能具有不连续性

对地球上的绝大部分地区，平均来说，一年到头总有将近一半的时间处于"黑暗"之中；而在其余的时间内还要受到天气的影响，这就严重限制了太阳能的应用。

（3）"三不稳"是说太阳能具有不稳定性

同一地点在同一天内，日出和日落时的太阳辐射强度远远不及正午前后；而在同一地区，冬季的太阳辐射强度显然又远远不及夏季。这种情况主要是由太阳高度角的不同造成的。

1）太阳的高度角不同，使得同一个水平面的入射角不同。在单位水平面上所接收到的太阳辐射能，除了与太阳辐射强度本身成正比外，还与太阳辐射的入射角 θ 有关，如图 2-6 所示。显然，当太阳高度角 h 越大，或者说太阳辐射入射角 θ 越小，就是说越接近于正射时，地面上同一水平面内所接收到的太阳能就越多。

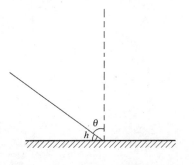

图 2-6　太阳高度角与太阳入射角

2）太阳的高度角不同，太阳辐射所透过的大气层厚度也不同，如图 2-7 所示。一般来说，日出或日落时与正午太阳辐射所透过的大气层厚度之比，常可达到 1：10 以上，这时会产生两方面的效应。一方面是由于大气分子和灰尘对于太阳辐射的吸收，使得日出或日落时的太阳辐射强度弱得多，所以在日出或日落时，人们即使用肉眼直视太阳也不感到十分刺眼，而在正午前后，就完全不能用肉眼直视太阳了；另一方面是由于越接近正午大气分子和灰尘对太阳光的散射就越强烈。因此，人们在日出或日落时所看到的太阳，大都呈橙红色，而正午时的太阳大都呈乳白色。

图 2-7　太阳高度角不同时辐射所透过的
大气层厚度不同

我国北方地区的太阳能资源 3

3.1 太阳能资源简介

太阳是一个巨大的能源，其总辐射能量约为 3.75×10^{20} MW。虽然太阳辐射到地球大气层的能量仅为总辐射能的 22 亿分之一，但却高达 1.73×10^{11} MW，相当于每秒 5×10^6 t 标准煤燃烧产生的热量。地球上的风能、水能、海洋温差能、波浪能和生物质能以及部分潮汐能都源于太阳能；地球上的化石燃料本质上也是远古储存的太阳能。

太阳能既是一次能源，又是可再生能源，它资源丰富，对环境无任何污染。太阳能的主要缺点：一是能流密度低；二是其强度受季节、地点、气候等各种因素的影响，因此不能维持常量。上述两个缺点限制了太阳能的有效利用。

人类对太阳能的利用有着悠久的历史。我国早在两千多年前的战国时期就已经知道利用铜制凹面镜聚焦太阳光来点火；利用太阳能来干燥农副产品。现在太阳能的利用已更加广泛，它包括太阳能的光化学利用、太阳能的光电利用和太阳能的光热利用等。在高科技的带动下，太阳能将成为 21 世纪最主要的新能源之一。

我国拥有丰富的太阳辐射能资源，在大约 960 万平方公里的国土上，太阳能的年辐照总量超过 $3340 \sim 8400$ MJ/ （m^2 • a），平均值约为 5852MJ/ （m^2 • a），也就是说，1 年内在 $1m^2$ 的面积上所接收到的太阳辐射能的平均值约为 5852MJ。全国年日照小时数在 2000h 以上。由于受地理纬度和气候等的限制，各地分布不均匀。中国太阳辐射资源分布主要特点是：西部高于东部；北方高于南方。

为了更好地利用太阳能，根据各地年总辐照量、日照时数及不同的条件等，将全国太阳能资源划分为五个等级，如表 3-1 所示。

我国太阳能资源的五个等级　　　　　　　　　　　　表 3-1

辐照量＼等级	1	2	3	4	5
年日照时数（h）	3200～3300	3000～3200	2200～3000	1400～2200	1000～1400
年总辐照量（MJ/（m²·a））	6700～8370	5860～6700	5020～5860	4190～5020	3350～4190·
相当于燃烧标准煤（kg）	225～285	200～225	170～200	140～170	115～140

一类地区：主要包括宁夏北部、甘肃北部、新疆东南部、青海西部、西藏西部等地，是中国太阳辐射资源最丰富地区。

二类地区：主要包括河北西北部、山西北部、内蒙古南部、宁夏南部、甘肃中部、青海东部、西藏东南部、新疆南部等地，为中国太阳辐射资源较丰富区。

三类地区：主要包括山东东南部、河南东南部、河北东南部、山西南部、新疆北部、吉林、辽宁、云南、陕西北部、甘肃东南部、广东南部、福建南部、江苏北部、安徽北部、天津、北京、台湾西南部等地。

四类地区：主要包括湖南、湖北、广西、江西、浙江、福建北部、广东北部、陕西南部、江苏南部、安徽南部、黑龙江、台湾东北部等地。

五类地区：主要包括四川、贵州、重庆等地，是中国太阳辐射资源最少的地区。

3.2　我国北方地区的太阳能资源分布特点及利用状况

3.2.1　我国北方地区太阳能资源分布特点

根据气候、地形的差异，可将我国分为四大地理区域。我国北方地区主要是指秦岭——淮河一线以北，大兴安岭——乌鞘岭以东的地区，东临渤海和黄海。包括东北三省（黑、吉、辽）、黄河中下游五省二市（陕、晋、豫、鲁、冀、京、津）的全部或大部分，以及甘肃东南部、内蒙古、江苏、安徽北部，面积约占全国的 20%，人口约占全国的 40%。

我国北方地区主要是温带季风气候，局部地区是高原气候。从中国太阳年辐射总量的分布来看，我国北方广大地区的太阳辐射总量很大，尤其是位处于高原的地区，日照时间长，太阳辐射强。

河北西北部、山西北部、内蒙古南部处于太阳辐射等级中的二类地区，太阳辐射资源较丰富，太阳能年总辐照量范围在 $5860\sim6700MJ/$（$m^2 \cdot a$）；山东东南部、河南东南部、河北东南部、山西南部、吉林、辽宁、陕西北部、江苏北部、安徽北部、天津、北京、等地处于太阳辐射三类地区，太阳能年总辐照量范围在 $5020\sim5860MJ/$（$m^2 \cdot a$）；陕西南部、黑龙江等地处于太阳辐射四类地区，太阳辐射相对较弱，太阳能年总辐照量范围在 $4190\sim5020MJ/$（$m^2 \cdot a$）。

我国北方地区各地太阳辐射年总辐照量及太阳能利用条件见表 3-2 所示。

我国北方地区太阳能利用的条件   表 3-2

范　围	年总辐照量 $kWh/(m^2 \cdot a)$	利用太阳能的条件
东北三省	$5020\sim5440$	冬季长达 4—5 个月，气温低，辐照强度低，云量少，晴天多，年日照时数达 2400h/a 以上
河北东南部、河南、山东、山西南部、陕西、北京、天津	$5020\sim5860$	寒冷期较东北区短，约 100 天左右，气温、辐照强度较东北区高，云量少，晴天多，年日照时数达 $2600\sim2800$h/a
内蒙古高原	$5020\sim6282$	冬季长达 3—5 个月，地势高，太阳辐照强度大，年日照时数 $2600\sim3200$h/a，利用太阳能的条件比华北地区好
河北西北部、山西北部、内蒙古西部南部	$5860\sim6700$	气候干旱，云量少，年日照时数达 3200h/a 以上，冬季气温低，昼夜温差大，风速大，风沙大。大气透明度有时较差

表 3-3 给出了我国北方地区 7 个城市年平均日照和晴、阴天数。从表中资料可见，大部分地区晴天日数超过阴天日数，并且北方地区城市晴天率较高。

我国北方地区部分城市的年平均日照、相对日照、晴阴天数和云量   表 3-3

	城市	长春	沈阳	大连	锡林浩特	北京	太原	济南
日照	平均日照（h/a）	2739.9	2642.8	2739.6	2882.8	2700.0	2800.9	2668.0
	相对日照	0.6	0.6	0.6	0.7	0.6	0.6	0.6

城市		长春	沈阳	大连	锡林浩特	北京	太原	济南
晴阴天数	晴天（d/a）（云量≤2.9）	131.4	141.9	136.9	100.3	141.7	107.1	151.8
	阴天（d/a）（云量≥8.0）	80.8	75.8	82.8	64.2	81.5	87.6	71.2
平均云量		—	—	—	4.6	4.7	4.8	5.4

注：1. 相对日照为实际日照时间与可能日照时间的比值
    2. 云量是表示云蔽天穹程度的物理量。将天穹分为10份，为云所蔽的天穹分数即为云量

3.2.2　我国北方地区农村太阳能利用状况

因为常规能源供应较少，农村可供利用的能源主要是生物质能源，即人畜粪便、草类、农作物秸秆和薪柴。此外还有太阳能和风能，太阳能的转换形式和利用方式主要有光——热转换、光——电转换两种，我们这里主要讨论太阳能的热利用。目前太阳能热利用在中国的研究和应用主要包括太阳热水器、太阳房、太阳灶、太阳干燥、太阳海水淡化及其他工农业应用等。在我国北方农村地区，太阳能热水器、太阳房、太阳灶等是应用最广泛的太阳能产品。

太阳灶是利用太阳辐射能烹饪食物的一种器具。它对于广大的农村，特别是那些缺乏燃料，而日照较好（例如我国西北和西藏）的地区有着重要的现实意义。近年来，我国太阳灶发展很快，已达数十万台，对缓解农村能源紧缺状况起了积极的作用。一般说来，在日照较好的地区，在正常使用情况下，每年每台太阳灶可节约柴草约1000kg，年利用率约在30%～50%左右。按节约柴草来估算，大约两年就可收回投资，还能节省大量劳动力，有利于改善生活条件，保护植被和生态平衡。

太阳房是利用太阳能替代部分常规能源，使建筑物在一年四季都能达到一定温度范围的房屋。1939年，美国麻省理工学院建成世界上第一座利用太阳能供暖的太阳房；以后又在世界上其他地方陆续地建造了一些不同类型的太阳房进行试验和比较。1973年发生石油危机以后，太阳房的发展更是十分迅速，到目前为止已经建成了十万多座。

太阳能热水器是迄今为止国内外在太阳能低温热利用中技术最为成熟、应用最为广泛的一种应用方式。因为它在运行过程中不消耗常规能源（煤、电、气等），所以被称为"不烧煤的锅炉"。太阳能热水器结构简单、运行可靠，具有节能、无污染的特点，近年来在我国发展迅速。目前我国太阳能热水器的安装使用已达一百多万平方米，是太阳能应用领域的主导产品。

近年来，我国北方地区农村广泛利用太阳能技术，例如北京市平谷区新农村改造项目，该项目于 2005 年由北京市发改委、平谷区政府、大华山镇挂甲峪村和北京市太阳能研究所以平谷新农村建设为契机，共同开展了挂甲峪村新农村新能源示范项目，该项目采用太阳能供暖技术结合生物质能解决农村的供暖、热水和炊事的生活用能需求，是一种依靠可再生能源解决农村生活用能的示范项目。实测表明，15m^2 的太阳能热水集热器与 12m^2 太阳能热风集热器，平均一个冬季可以提供约 18900MJ 的热量，对建筑耗能的贡献率为 49.7％的情况下，平均可保证 70m^2 主要供暖空间的供暖，可节约 1054kg 标准煤，每户平均一个供暖季实际供暖耗煤量为 1093kg 标准煤。在整个供暖季最不利工况下，太阳能供暖系统贡献率为 19％。在北京的新农村建设中，推广太阳能供暖和生物质能利用具有深远的意义。太阳能和生物质能作为新能源和可再生能源的一种，是取之不尽、用之不竭的洁净能源。推广利用可再生能源替代常规能源，可减少常规能源使用产生的温室气体排放和污染物排放，实现用能的本地化和农业废弃物的循环利用。农村能源问题是衡量该地区是否健康发展的重要指标，利用太阳能及农业废弃物等可再生能源，改变农村用能结构，改善农村卫生环境，有利于建设生产发展、生活富裕、生态良好的社会主义新农村。

3.3 我国北方地区太阳能利用的广阔前景

太阳能不但数量巨大而且可以不断再生，实际上是取之不尽，用之不竭的。太阳能又是清洁能源，不会对环境产生污染和对人类造成危害。但是，太阳能的利用仍存在一定的困难。因为太阳能分布在广大的地球表面，密度很低。要想进行使用，首先就要从很大的面积上把它收集起来，这就意味着需要大面积的设备和相当大的投资。另外，由于地球的运动以及气象条件的变化，对于同一地点来说，所能接收到的太阳能是间断的、不稳定的，这就使它要么只能用作辅助能源，要么就要增加储能装置，因而又要增加投资。尽管有这么多困难，近年来对太阳能利用技术的研究还是取得了很大的进步。

中国有 13 亿人口，9 亿多生活在农村，这是太阳能利用的巨大市场。目前，我国在太阳能应用技术研究和产品开发方面已经取得了一定成就，但目前太阳能产品并没有走进千家万户，在常规能源短缺已经成为制约我国经济发展瓶颈的今天，清洁、无穷的太阳能利用应有更大空间，太阳能产品也有更大的市场潜力可挖。

改革开放以来，农村经济增长很快，大量的农宅和小城镇住宅对生活热水的需求大大增加。2000 年我国村镇房屋建筑总面积约 175 亿 m^2，到 2015 年将新增 85 亿 m^2，这样村镇总住宅建筑面积达到 260 亿 m^2。到 2020 年，如果农村太阳热水器的普及率达到 25％，全国农村太阳热水器的拥有量将达到 1.7～1.8 亿 m^2，占全国总量的 60％左右，对保护生态环境，防止水土流失，积极妥善解决农村小康生活用能问题起到重要作用。分散的村镇采用天然气或电能作为日用能源，无论在技术还是在经济上都是不可取的，这些都为开辟农村太阳能热水器市场提供了机遇。

因而，无论从太阳能的特点还是太阳能利用的发展状况都不难看出，在北方农村地区，太阳能利用将具有广阔的前景！

太阳能集热器 4

太阳能的收集是利用太阳能的第一步。对于所有的太阳能设备来说，都要尽量多地收集太阳能，然后再加以利用。在这种以热能形式利用太阳能的系统中，人们把收集阳光转变为热的部件称之为集热器。

近二十年来我国的太阳能集热器产业发展迅速，产量居世界首位，集热器的类型也十分丰富。集热器按其是否聚光这一最基本特征来分，有非聚光和聚光两大类集热器。本章第一节主要讲述非聚光的平板集热器，第二节讲述真空管集热器，第三节则讲述聚光型集热器。

4.1 平板型集热器

平板型集热器吸收太阳辐射的面积几乎与采集太阳辐射的面积相等，可以接受太阳的直射与散射能量，且无需太阳跟踪装置，结构简单，性能可靠，维护管理简便。

4.1.1 平板型集热器的类型

根据集热介质分类，有液体（主要是水）和气体（主要是空气）两种，即液体加热太阳能集热器和气体加热太阳能集热器。水具有适合做集热介质和蓄热材料的许多优点：单位体积热容量大，传热系数大，廉价、安全、不污染环境等。与此相反，空气传热系数小，所以除了以空气本身作为集热介质来供暖外，在其他方面的利用有困难。

根据集热介质的循环方式分类，可分为强迫循环型和自然循环型。前者用泵推动集热介质进行循环，后者利用集热介质在集热板中被加热后密度减小而产生的升力进行循环。在使用自然循环的集热器时，因为自然循环的压力不大，这就要求集热板的压力损失一定要小。相反，对于强迫循环型集热器，则要事先确定集热介质在集热板中均匀流动所需要的压力损失。

根据集热板表面处理情况分类，通常分为选择性吸收面和黑面。选择性吸收面是一种对光的短波辐射（0.3~3μm）具有高吸收率（＞0.90），而对光的长波辐射（＞3μm）则具有低发射率（＜0.3）的涂层。这也就是说，选择性吸收面几乎吸收全部太阳辐射，而发射出的能量却非常少。黑面对光不具备选择性，吸收的能量多，发射的能量也多。例如黑板漆，它虽然具有高吸收率（＞0.90），但发射率也很高，通常在0.50~0.90之间。集热板本身的作用是吸收太阳辐射热，但集热器也通过对流和辐射向四周放热。为了提高集热效率减少辐射损失，普遍将集热板制成选择性吸收面。通常对于供暖和供热水系统来说，选择性吸收面的集热效率要高一些，但对于集热板工作温度较低的系统，黑面的集热效率略高一些。

平板型集热器常采用分隔结构法来减少对流散热损失。平板型集热器的表面一般都覆盖透明盖板，有的是一层，有的是多层，透明盖板的层数越多，集热器总传

图 4-1　六角形蜂窝结构

热系数越小，散热损失就越小。分隔结构法就是将图 4-1 所示蜂窝形或者四角形、圆形等结构装在透明面盖和集热板之间，以减少两者之间的对流损失。通常采用铝板、玻璃、塑料等材料来制作分隔结构。

4.1.2　平板型集热器的结构

图 4-2 是典型的以水作为传热介质的平板型集热器结构，大体上由以下四个部分组成。这种集热器可用于供热水、制冷供暖，以及蓄水池加热等。

（1）集热板

集热板是吸收阳光，并把它转变为热能传给集热介质的一种特殊的热交换器。实际上是一个能使水通过的金属薄板。为了能够有效地吸收太阳能，集热板表面要经过涂刷黑漆或作某种特殊处理，使其成"黑色"或选择性太阳能吸收表

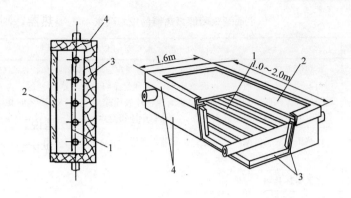

图 4-2　典型平板集热器结构

1—集热板；2—透明盖板；3—隔热层；4—外壳

面材料。集热板是平板集热器的一个关键的部件，其性能优劣对平板集热器的工作特性起着决定性的作用。

（2）透明盖板

平板集热器的面部覆盖透明盖板，其目的在于和集热板之间构成一定高度的空气夹层，以减少集热板对环境的对流和辐射热损失，并同时保护集热板和其他部件不受雨、雪、灰尘、污物等的侵袭。阳光通过透明盖板照射到集热板上。

（3）隔热层

为了降低热损失和提高集热效率，在集热板的底部和四侧，必须填充一定厚度且绝热性能良好的隔热层。集热器受到阳光照射时，集热板的温度可达 150～200℃。因此，用于平板集热器隔热层的绝热材料，除去要有较低的导热系数外，还必须能够耐高温。

（4）外壳

外壳的作用，一方面用于保护集热板和隔热层不受外界环境的影响，同时也是将各部件装配成一体所必不可少的骨架。因此，它必须结实，并且具有良好的耐腐蚀性，能够适应各种不同的天气状况。

4.1.3　平板型太阳能集热器的技术要求

平板型太阳能集热器的技术要求见表 4-1。

平板型太阳能集热器的技术要求   表 4-1

项　目	技　术　要　求
外观	集热器零部件易于更换、维护和检查，易固定。吸热体在壳体内应安装平整，间隙均匀，透明盖板若有拼接，必须密封，透明盖板与壳体应密封接触，考虑热胀情况，透明盖板无扭曲、划痕。壳体应耐腐蚀，外表面涂层应无剥落。隔热体应填塞严实，不应有明显萎缩或膨胀隆起现象。产品标记应符合本标准规定
耐压	传热工质应无泄漏，非承压式集热器应承受 0.06MPa 的工作压力，承压式集热器应承受 0.06MPa 的工作压力
刚度	应无损坏及明显变形
强度	应无损坏及明显变形，透明盖板应不与吸热体接触
闷晒	应无泄漏、开裂、破损、变形或其他损坏
空晒	应无开裂、破损、变形或其他损坏
外热冲击	不允许有裂纹、变形、水凝结或浸水
内热冲击	不允许损坏
淋雨	应无渗水与破坏
耐冻试验	集热器应无泄漏、损坏、变形、扭曲，部件与工质不允许又冻结
热性能	a) 平板型太阳能集热器的瞬时效率截距 $\eta_{0,m}$ 应不低于 0.72；平板型太阳能集热器的总热损系数 U 应不大于 6.0W/（m²·℃）；其中：$\eta_{0,m}$ 集热器基于采光面积、进口温度的瞬时效率截距；U 为以 T 为参考的集热器总热损系数； b) 应作出 $(t_e - t_a)$[①] 随时间的变化曲线，并给出平板型太阳能集热器的时间常数 τ_c； c) 应给出平板型太阳能集热器的入射角修正系数 K_θ 随入射角 θ 的变化曲线和 $\theta = 50°$ 时的 K_θ 的值
压力降落	应作出太阳能集热器压力降落特性曲线 $\Delta p \sim m$
耐撞击	应无划痕、翘曲、裂纹、破裂或穿孔
涂层	吸热体和壳体的涂层应无剥落、反光和发白现象，给出吸热体涂层的红外发射率，吸热体涂层的吸收比应不低于 0.92
透射比	应给出透明盖板的透射比

①t_a—环境或周围空气温度；t_e—太阳能集热器工质出口温度。

4.1.4 影响平板型集热器性能的主要因素

在设计利用太阳能装置时，首先会遇到的问题是需要多大的集热面积，一年间能获取多少太阳能？要了解这些问题，知道集热量和集热效率是必不可少的。

所谓集热器的集热量，是集热器在一定时间内所吸收到的有用热能，它等于集热器吸收的热量和散失的热量之差。而集热效率就是某段时间内集热量与同时间内的太阳入射能量之比。集热量和集热效率受气象条件、集热器的集热特性、设置条件、使用条件等因素的影响。

平板集热器的集热性能，可以通过理论计算，在室外用太阳光进行试验，以及在室内用一种叫做太阳模拟器的人工太阳光进行集热试验得到。集热性能的理论计算，对设计者来说十分重要，但这是一种在各种假定条件下进行的计算，而且还不一定能够得到精确度很高的数值。有时反而一种较为简单的分析会得出非常有用的结果。因此，为了提高实用性，集热器的集热性能的分析计算应主要着眼于室外集热试验结果的应用。具体分析计算可参照有关专业书籍。

入射到平板集热器上的太阳辐射能，其中只有一部分被集热板的吸收面有效吸收，并传给集热介质，其余部分则被集热器散失。显然，入射到集热器的有效辐射热能越大，热损失越小，则有效吸热越多。影响平板集热器性能的各种因素可归纳为以下四类。

（1）影响太阳辐射能的因素

1）入射到集热器上的太阳辐射强度，以及太阳光入射角。一般情况下，入射的太阳辐射并不是全部被吸收面吸收，而是大约有 10％ 左右会因入射角并非垂直而损失。假定太阳辐射强度大（如夏日晴天正午），且垂直入射于集热器，此时有效太阳辐射能最大；

2）吸收面对太阳辐射的吸收率越大越好；

3）透明面盖对太阳辐射的透射率越大越好，而对吸收面的长波辐射的透射率越小越好；

4）落尘在面盖上对透射率的影响越小越好；

5）集热器的边框及面盖支持物对阳光的遮蔽越小越好。

（2）影响热损失的因素

1）吸收面的平均温度越高热损失越大；

2）吸收面的辐射率越大热损失越大；

3）大气的条件，如气温低，风速大则散热损失大；

4）盖板层数、盖板与盖板之间及盖板与吸收面之间的距离等，对热损失的影响，存在一个最佳的关系。一般说来，盖板三层左右热损失较小；

5）盖板最好选择短波透射好而长波透射差的材质进行制造。

（3）影响有用热能吸收的因素

1）吸收面的太阳能吸收率，材料导热系数及厚度；

2）吸收面内部与流体间的换热系数，吸收面形式及传热流体种类；

3）吸收面底部的绝热性能等。

（4）影响吸收面温度的因素

对于平板集热器，我们一方面希望吸收面可达到较高温度，以便使传热流体也产生足够的高温；但另一方面又希望吸收面温度不要太高，使之得到较高的集热效率，这是一个矛盾，在设计时要根据实际情况决定取舍。影响吸收面温度的因素有：

1）经过吸收面的流体流量、流体种类及入口温度；

2）吸收面与流体间的换热系数；

3）吸收面的导热性能和肋片效率；

4）吸收面的设计，即集热板的材料、厚度、管间距等。

影响集热器性能的因素很多，在太阳能利用中，选择良好的集热器，还需考虑制造方法、安装和使用耐久性及成本等。尤其是成本，集热器几乎占太阳能利用系统成本的一半左右。另外，在实际使用中，集热器都设置在户外，风吹日晒雨淋，其寿命与气候密切相关。冬季，在寒冷地区由于集热器内水的冻结而造成的破损事故很多。对我国北方地区而言，集热器的适当防冻措施是必不可少的。

4.1.5   使用和保养维修中必须考虑的实际问题

集热器是由专门厂家生产的，而用户则根据需要进行选用，在日常的使用和保养维修中，必须考虑以下几个实际问题。

（1）集热器的位置，必须安装在热水箱的下面。出口管道直接进热水箱，这样水可以上流。因此安装管道时，切实注意管道中不应有回水弯。

（2）在集热循环回路中，不装设不必要的阀门，防止误操作时，将集热循环回路闭塞而损坏集热器。

（3）要考虑防冻措施，以避免集热器在冬季使用时被冻坏。

（4）平板集热器在闷晒时，可能达到200℃的高温，因此工厂的设计者要考虑玻璃盖板的安装方法，防止由于热应力而迫使玻璃盖板破裂。安装集热器时，要避免由于长期直接曝晒而使集热器受损坏。因为安装过程中，不可能很快接上循环泵。可以采用表面遮盖的方法，免除由于闷晒而损坏吸收表面，从而影响集热器的性能。

（5）系统骨架，要有抗风载的能力。

（6）安装集热器时，要考虑平常使用中人手易于接近，便于维修，易于单个替换。

（7）在烟尘大的地区，对透明盖板可以进行定期的清洗。

（8）使用过程中，经常检查玻璃盖板是否损坏，呼吸孔道是否处于正常工作状态，有无漏水和渗水现象。

4.2　真空管集热器

真空管太阳集热器是由多支真空集热管、联集管和铝制或不锈钢制的反射板组成。真空集热管由于透明盖板（玻璃外管）与吸热体之间抽成真空，空气压力小于 10^2 Pa，基本上消除了对流热损失，再加上吸热体表面的光谱选择性涂层的作用，使得真空集热管有优良的热性能。真空管集热器按照吸热体结构材料，可分为玻璃吸热体真空管（或称全玻璃真空管）集热器和金属吸热体真空管（玻璃-金属）集热器两大类。

4.2.1　真空管太阳能集热器的技术要求

真空管太阳能集热器的技术要求见表 4-2。

真空管太阳能集热器的技术要求　　　　　　　　表 4-2

项目	技 术 要 求
外观	应对真空管型太阳能集热器主要部件外观存在问题进行判定；真空太阳能集热管外观应符合 GB/T 17049—2005 和 GB/T 19775—2005 的规定要求；联集管、尾架外表面平整、无划痕、污垢和其他缺陷；集热器产品标记应符合本标准规定
耐压	传热工质应无渗漏，非承压式集热器应承受 0.06MPa 的工作压力，承压式集热器应承受 0.06MPa 的工作压力
刚度	应无损坏及明显变形
强度	应无损坏及明显变形
闷晒	应无泄漏、开裂、破损、变形或其他损坏

续表

项 目	技 术 要 求
空晒	应无开裂、破损、变形或其他损坏
外热冲击	不允许有裂纹、变形、水凝结或浸水
内热冲击	不允许损坏（全玻璃真空管型太阳能集热器不做内热冲击要求）
淋雨	应无渗水与破坏
耐冻	不允许有泄漏和破损，部件与工质不允许有冻结
热性能	a) 无反射器的真空管型太阳能集热器的瞬时效率截距 $\eta_{0,m}$ 应不低于 0.72；有反射器的真空管型太阳能集热器的瞬时效率截距 $\eta_{0,m}$ 应不低于 0.52；无反射器的真空管型太阳能集热器总热损系数 U 应不大于 3.0W/（m²·℃）；有反射器的真空管型太阳能集热器总热损系数 U 应不大于 2.5W/（m²·℃）。其中：$\eta_{0,m}$ 集热器基于采光面积、进口温度的瞬时效率截距；U 为以 T_i^* 为参考的集热器总热损系数； b) 应作出 $(t_e - t_a)$[①] 随时间的变化曲线，并给出真空管型太阳能集热器的时间常数 τ_c； c) 应给出真空太阳集热管南北向排列与东西向排列时的入射角修正系数 $K_{\theta,n-s}$ 与 $K_{\theta,w-e}$ 随入射角 θ 的变化曲线和 $\theta = 50°$ 时 $K_{\theta,n-s}$ 的与 $K_{\theta,w-e}$ 的值，热管式真空管型太阳能集热器只需给出真空太阳能热管南北向排列时的入射角修正系数随入射角 θ 的变化曲线和 $\theta = 50°$ 时的值
压力降落	应做出真空管型太阳能集热器压力降落特性曲线 $\Delta p \sim m$
耐撞击	不允许损坏

①t_a—环境或周围空气温度；t_e—太阳能集热器工质出口温度。

4.2.2 全玻璃真空管型太阳能集热器

1. 全玻璃真空集热管的基本结构和规格

全玻璃真空集热管的结构类似我们的家用暖水瓶，是由两个长度相当、外径大小不同的玻璃管组成。两管之间抽成真空，内管外表面涂有选择性涂层，一般情况下内管直接装水。如图 4-3 所示。

全玻璃真空管的一端开口，将内玻璃管和外玻璃管的管口进行环状熔封；另一端封闭成半球形圆头，内玻璃管用弹簧支架支撑于外玻璃管上，以缓冲热胀冷缩引起的应力。在外玻璃管尾端一般粘接一只金属保护帽，以保护抽真空后封闭的排气嘴。弹簧支架上装有消气剂，它在蒸散以后用于吸收真空集热管内残留的气体，起保持管内真空度的作用。

目前全玻璃真空集热管主要有外径 $\Phi 47$mm、内径 $\Phi 37$mm，外径 $\Phi 58$mm、内径 $\Phi 47$mm，外径 $\Phi 70$mm、内径 $\Phi 58$mm，外径 $\Phi 90$mm、内径 $\Phi 78$mm 四种，长度有 1.2m、1.5m、1.8m 和 2.4m 四种规格。

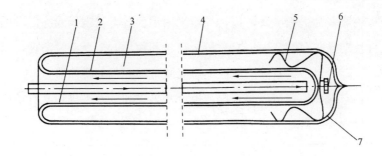

图 4-3   全玻璃真空集热管

1—内玻璃管；2—选择性吸收涂层；3—真空套；4—盖玻璃管；

5—弹簧支架；6—消气剂；7—吸气涂层

2. 全玻璃真空集热管的工作原理

全玻璃真空集热管玻璃材料易得、工艺可靠、结构简单、成本较低，应用前景广泛。用该种产品制成的热水器已占我国太阳能热水器生产总量的 70%。它的工作原理基本与平板集热器相同，白天在太阳照射下，太阳光透过集热管罩管后，被内管表面吸收涂层吸收转化成热能，并通过内管中的流体循环，最终将贮热水箱中的水加热。由于真空集热管采用了真空技术，降低了对流损失，选择性涂层技术降低了热辐射，从而大大降低了集热管的热损失，使其具有良好的热工性能。

3. 全玻璃真空管集热器的基本结构

若干支管按照一定规则排列成的真空管阵列与联集管（或称联箱）、尾托架和反光板等部件组成，如图 4-4 所示。

全玻璃真空管集热器的联箱一般有圆形和方形两种，多采用不锈钢板制作，集热器配管接头焊接在联箱的两端。联箱的一面或两面按设计的真空管间距开孔，真空管的开口端直接插入联箱内，真空管与联箱之间通过硅橡胶密封圈密封。

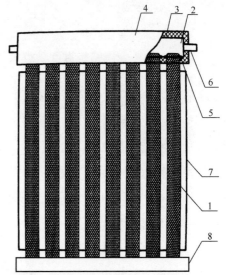

图 4-4   全玻璃真空管集热器结构示意图

1—全玻璃真空管；2—联箱；3—保温层；4—保温盒外壳；5—密封圈；6—配管接口；7—反光板；

8—尾托架

反光板一般多为平板漫反射板，一般采用铝板、不锈钢板或涂白漆的平板制成。反光板长期暴露在空气中，容易积聚灰尘和污垢，需要经常清理，以免影响反光效果。所以，风沙比较大的地区不宜安装带反光板的集热器。

全玻璃真空管集热器可以竖直排列也可水平排列，水平排列又有单排和双排两种形式，如图 4-5 和图 4-6 所示。

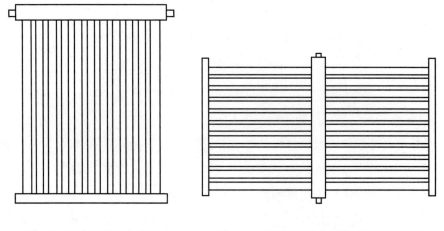

图 4-5　竖直排列的全玻璃　　　图 4-6　水平排列的全玻璃真空管集热器

真空管集热器　　　　　　　　　　（双排）

4.2.3　玻璃-金属结构真空管型太阳能集热器

尽管全玻璃真空集热管有许多优点，但由于管内走水，在运行中若有一只破损，则整个系统就要停止工作。另外，真空管的热容较大，太阳能要先把真空管内的水加热才能建立循环，到了夜间，如果热水不能被充分利用，则会造成一定的热量损失。为了弥补这些缺陷，在全玻璃真空管基础上，开发出了两种玻璃-金属结构的真空管，即采用热管直接插入真空管内和应用 U 形金属管吸热板插入真空管内的两种集热管。

1. 热管式真空管型太阳集热器

热管式真空管如图 4-7 所示。热管式真空管主要是由热管、吸热板、真空玻璃管三部分组成。其工作原理是：太阳光透过玻璃照射到吸热板上，吸热板吸收的热量使热管内的工质汽化，被汽化的工质升到热管冷凝端，放出汽化潜热后冷凝成液体，同时加热水箱或联箱内的水，工质又在重力作用下流回热管的下端，如此重复工作，不断地将吸收的辐射能传递给需要加热的介质（水）。这种单方向传热的特点是热管性能所决定的，为了确保热管的正常工作，热管真空管与地面倾角应大于10°。

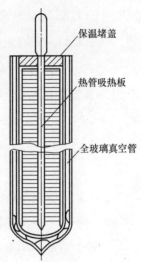

目前国内生产热管式真空集热管产品多为外径Φ47mm、Φ58mm、Φ65mm、Φ70mm、Φ100mm，长度1.2～2.0m等规格。

热管式真空管型太阳能集热器有如下特点：

（1）热启动快。热管外径上牢固结合一个带选择性吸收涂层的吸热片，一般用导热系数大的铝或铜板制成，大多数为铝板。热管一般用铜管，内装少量低沸点工质制成。因此在吸热板吸收太阳能后，能迅速

图 4-7　热管式真空集热管

将热量传导给热管蒸发端，进而通过热管冷凝端释放热量。而全玻璃真空集热管内装约1kg左右的水，热容大，启动慢。

（2）抗冻性能好，可在严寒地区使用。这种形式集热管由于不直接容水，热管内的工质不仅冰点极低，又充装很少，只要贮热水箱管道保温良好，不存在冬季冻损问题。

（3）**热水器可承压使用。** 只要将热管冷凝端与贮热水箱连接处设计成耐压结构，如用螺纹固定方法，将热管冷凝端与贮热水箱连接，便可制成承压式太阳热水器。全玻璃真空集热管制成的自然循环热水器是做不到的。

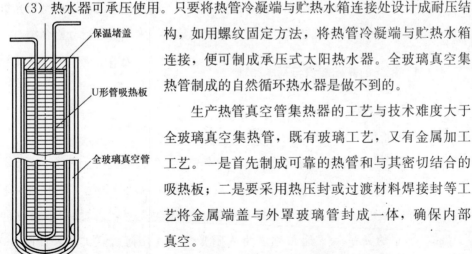

生产热管真空管集热器的工艺与技术难度大于全玻璃真空集热管，既有玻璃工艺，又有金属加工工艺。一是首先制成可靠的热管和与其密切结合的吸热板；二是要采用热压封或过渡材料焊接封等工艺将金属端盖与外罩玻璃管封成一体，确保内部真空。

2. U形管式真空管型太阳能集热器

图 4-8　U形管式真空集热管

U形管式真空管如图4-8所示。它是将一支带

金属肋片的 U 形金属铜管，直接插入到全玻璃真空集热管中。圆形肋片一般用铝板、铜板成型。它的优点是：一是解决了全玻璃管不能承压运行的问题；二是当 U 形管内充入防冻液制成双回路热水器时，还能解决防冻问题。该产品既可在家用热水系统中使用，也可在热水工程中应用。

4.3 聚光型集热器

由于太阳能的能量密度低，因此要有效地利用它，有两种方法：一种方法是使用足够面积的平板集热器直接接收太阳辐射，这方面有关内容已在前面做过介绍；另一种方法是利用聚光集热器，将太阳辐射能集中，再利用反射或折射把太阳光的方向改变并聚集到希望加热的吸收器上，所以聚光型集热器不同于平板集热器，除了接收器之外，还需有聚光系统和跟踪装置。自然阳光经过聚光器聚焦到吸收器上，为吸收器表面所吸收，传给在吸收器内部流动的集热介质，变成所需要的有用能。由于地球上的任一点与太阳的相互位置是随时在变化的，所以这种聚光集热器必须装设跟踪系统，根据太阳的方位，随时调整聚光器的位置，以保证聚光器的开口面与入射太阳辐射总是相互垂直。

本节将介绍有关各种聚光方式和聚光集热器，典型聚光集热器性能的分析，跟踪系统等几个主要方面。聚光集热器的形式很多，这里所指的所谓典型聚光集热器，将以双轴跟踪槽形抛物面（线聚焦）聚光集热器为例，进行分析介绍。

4.3.1 聚光的基础知识与基本原理

1. 太阳成像理论

（1）太阳张角

聚光集热器是利用太阳的直射辐射，经聚光器反射在吸收器上成像。太阳本身是一个表面具有 6000K 左右的大火球，尽管太阳距离地球很远，但对地球来说，太阳并非点光源，而是日轮。所以对地球上的任意一点，入射的太阳光之间具有一个很小的夹角 2δ，通常称之为太阳张角，其几何示意关系，如图 4-9 所示。

已知太阳的直径为 1.39×10^6 km，地球与太阳之间的平均距离为 $1.5 \times$

10^8 km，根据图 4-9 所示的几何关系，求得太阳张角 2δ 为：

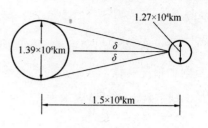

$$\sin\delta = \frac{6.95 \times 10^5}{1.5 \times 10^8} = 0.0046$$

所以　　　　　　$\delta = 16'$

这就是说，太阳的直射辐射，以 $32'$ 的太　　图 4-9　太阳与地球之间的几何关系
阳张角入射到地球表面。必须特别记住，这是分析一切聚光集热器光热性能的一个十分重要的物理量。

（2）几何光学

几何光学是设计几乎所有太阳能光学系统时必须采用的一个基本依据，而在聚光集热器的设计中，经常用到的几何光学定律，主要有两个：一是反射定律；二是折射定律。

1）反射定律

任意一束光线入射到光滑的镜面时，入射线和镜面法线构成的入射角 θ_1 等于反射线和镜面法线构成的反射角 θ_2，而且三条直线处在同一个平面内。

图 4-10 中的示意图，表明无论是平面镜面，或者是曲面镜面，反射定律都能同样适用，只是在曲面镜中，入射点的法线，是该点切线的垂线。

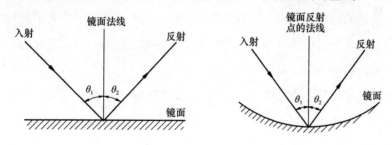

图 4-10　镜面入射与反射的关系，$\theta_1 = \theta_2$

2）折射定律

折射是当光线通过两个不同介质的边界面时所产生的一种物理现象。这是由于光在不同的介质中传播速度不一样所产生的。假定光在真空中的传播速度为 c，则在介质中的传播速度为 c/n，n 即定义为该介质的折射指数。由于光在真空中的传播速度最高，所以 $n>1$。一般太阳能利用中可用的光学材料，其折射率 n 的数值范围大约是 $1\sim3$。例如，普通玻璃为 1.52，水晶玻璃为 1.5，透明塑料

为 1.59。

图 4-11 表示出两种不同边界面的折射关系。对曲面边界，与图 4-10 中表示反射的情况一样，入射点的法线是该点切线的垂线。已知入射角为 θ_1，折射角为 θ_3，则折射定律可以表示为：

$$n_1\sin\theta_1 = n_2\sin\theta_2 \tag{4-1}$$

这就是说，入射线和法线夹角的正弦与折射线和法线夹角的正弦之比为常数。而且入射线、折射线和法线在同一平面内，即三线共面。

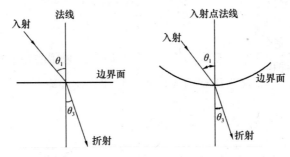

图 4-11 光线通过介质边界面时的折射关系

（3）太阳成像原理

聚光集热器中，聚光镜的作用是在吸收器上形成一个太阳像。通常，这个太阳像是不清楚的。由于太阳光线具有 $32'$ 的张角，所以任何一个光学系统所产生的太阳像总是一个有限的尺寸，主要决定于光学系统本身的几何形状和尺寸。下面以槽形抛物面镜为例，具体说明太阳成像的原理。

理想的抛物面镜 AOC，如图 4-12 所示，理论和实验都已证明它是能将平行于镜面光轴的光线汇聚于一点 F 的唯一镜面。F 称为该抛物面镜的焦点，OF 为焦距，AC 为开口宽度。

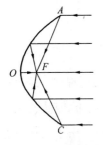

图 4-12 理想的抛物面镜的光学特性

由于实际的阳光，并非平行光。所以阳光经抛物面镜聚焦后，绝不可能汇聚在一点，而是一个焦斑区域，如图 4-13 所示。这就是说，无论是平行光，或者像太阳光这样的非平行光，对任何一种形状的反射镜面，其反射光迹，都是根据反射定律和光迹跟踪方法来进行计算的。

经过分析和计算，可以得到一个结论，焦距决定太阳成像的大小，而开口宽度则决定入射能量的多少。焦距越长，成像越大，而在开口尺寸相同的条件下，焦斑区域的能量密度越低。

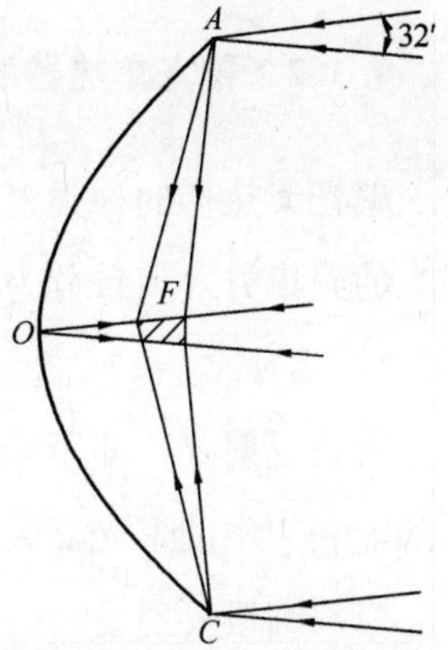

图 4-13　阳光在理想抛物面镜上的实际聚焦情况

2. 聚光器的聚光比

聚光器的聚光比，是表示聚光系统性能的重要参数。它说明自然阳光，经过聚光器的聚光作用后，能量密度可能提高的倍数。

太阳聚光器的聚光比，分为几何聚光比 C_o 和能量聚光比 C_g 两个不完全相同的概念。

对任何一个理想的聚光器，几何聚光比 C_o 是聚光器接受自然阳光的开口面积 A_δ 和吸收体面积 A_r 的比值。即

$$C_o = \frac{A_\delta}{A_r} \tag{4-2}$$

几何聚光比 C_o 具有两个作用，可用于粗估聚焦可能达到的最大温度及粗估聚光器的成本。一般说来，几何聚光比越高，可能达到的聚光温度也越高，成本也越贵。几何聚光比代表聚光器一种几何尺寸上的概念，并不能用于吸收体的传热计算。

对理想聚光系统，几何聚光比 C_o 完全决定于太阳张角 δ，他们之间的关系如下：

二维聚光情况：

$$C_o = \frac{1}{\sin\delta} \tag{4-3}$$

三维聚光器：

$$C_o = \frac{1}{\sin^2\delta} \tag{4-4}$$

能量聚光比 C_g 是吸收体上接收到的平均能量密度 Z_δ 与入射的直射太阳辐射强度 Z_b 的比值。即

$$C_g = \frac{Z_\delta}{Z_b} \tag{4-5}$$

在一切情况下，对所有的聚光器，$C_o > C_g$。只有理想的聚光器，$C_o = C_g$。

4.3.2 聚光集热器的类型及其特点

聚光集热器的种类繁多，分类方法也不同。聚光器的类型可以按照对入射太阳光的聚集方式大致分为反射式和折射式。

1. 反射式

所谓反射式，即阳光经过镜面，按光学反射原理反射到指定的吸收器上。在太阳能利用中的聚光器大部分按照这一原理设计。

(1) 圆锥反射镜

整个镜面，可以由很多小块的平面或圆形镜面组成，也可以是镜条的。阳光

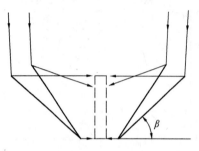

图 4-14 镜面倾角与焦斑尺寸的关系

经反射汇聚在镜面几何中心一定长度的位置上，长度随镜面与地平面倾角 β 而变化。倾角越大，也就是镜面越陡，聚焦长度越短，显然"聚光比"也就越大。但在相同镜面尺寸的条件下，镜面越陡，开口面积越小，可能收集的阳光也就越少。这种变化关系如图 4-14 所示。所有的聚光方式都有这样类似的性质。

(2) 槽形抛物面和旋转抛物面反射镜

由抛物线沿轴线旋转形成的面称为旋转抛物面，由抛物线向纵向延伸形成的面称为槽型抛物面。在凹面覆上反光层就构成抛物面聚光器。图 4-15 为旋转抛物面反射镜，图 4-16 为槽形抛物面反射镜。这是在太阳能利用中聚光集热器最常用的两种聚光方式，实验和理论研究也最多。这种聚光方式的聚光比变化范围很大，因此，可以适应各种温度系使用。

图 4-15 旋转抛物面反射镜

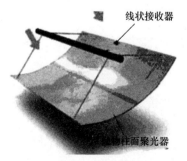

图 4-16 槽形抛物面反射镜

（3）球面反射镜

球面反射镜如图 4-17 所示，镜面为一半圆球，可将阳光反射到一条焦线上。其聚光比要比平面反射镜高，因此接收器能够达到较高的温度。

（4）复合抛物面反射镜

复合抛物面反射镜如图 4-18 所示，主要由两片槽形抛物面反射镜组合而成。阳光经过镜面反射，达到放在镜面底部的接收器上。这种聚光方式的主要优点是无需跟踪，聚光比约等于 3。

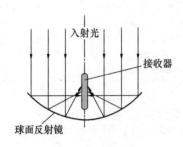

图 4-17　球面反射镜

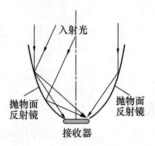

图 4-18　复合抛物面反射镜

（5）旋转抛物面二次反射镜

旋转抛物面二次反射镜如图 4-19 所示，阳光经旋转抛物面镜聚焦后，再由放置在光轴上的凸反射镜聚焦到一点。这种聚光方式的主要优点是，可以将笨重的吸收器与聚光镜分开，而无需随同跟踪太阳，大大减少跟踪系统的负荷。

2. 折射式

（1）菲涅尔透镜

利用透射材料，将凸透镜表面制成棱状面，使透射的入射阳光产生折射而聚集在焦点上，即为菲涅尔透镜，如图 4-20 所示。

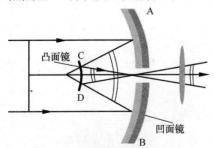

图 4-19　旋转抛物面二次反射镜

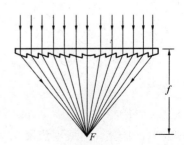

图 4-20　菲涅尔透镜聚光方式

这种聚光方式，透镜可以是圆的，阳光聚焦在一个圆盘上，如图 4-21 （a）所示；也可以是长条镜，阳光聚焦在一条线带上，如图 4-21 （b）所示。

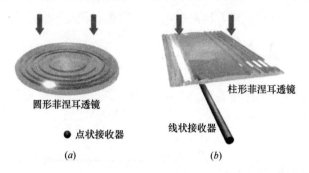

图 4-21   菲涅尔透镜聚光方式

(a) 点状接收器；(b) 柱状接收器

（2）透镜聚光方式

这是利用一组透镜，辅助以一定的反射镜，将入射光折射后汇聚到焦点上，如图 4-22 所示。

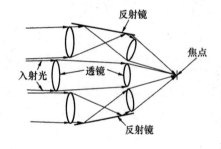

图 4-22   透镜聚光设计

4.3.3   典型聚光型集热器的性能

这里所谓"典型"的意思，是指在太阳能工程中作为聚光集热器，为人们研究最多、也比较成熟，而又具有一定典型意义的槽形抛物面聚光集热器，仔细分析它的各种性能，可以类推到其他形式的聚光集热器。

图 4-23 表示典型的槽形抛物面反射镜的光路分析。在这种聚光系统中，有一个很重要的参量，就是口径比 D，定义为开口宽度 B 和焦距 f 的比值。即

$$D = \frac{B}{f} \tag{4-6}$$

抛物面反射镜的聚光比，主要决定于口径比的数值，与吸收体的形状也有一定的关系。

在槽形抛物面反射镜中，吸收体通常为圆管，也就是一般所说的集热管，这种集热管的形状，对线聚焦聚光器，可以是圆管、平板、也可以是空腔圆；对点聚焦旋转抛物面聚光器，可以是球体，圆板、也可以是空腔球体。

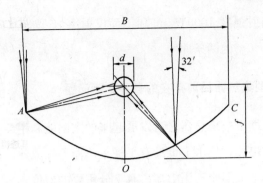

图 4-23 槽形抛物面反射镜的光路分析

现以圆管吸收体为例作典型分析。这时聚光器的几何聚光比 C_o，根据定义可以表示为

$$C_o = \frac{B}{\pi d} \tag{4-7}$$

这样，按照聚光器聚焦的阳光能够全部落在集热管上的条件，就可以计算推导得出热管所必须的最小直径，进而得到几何聚光比的适用计算式：

$$C_o = \frac{107.3D}{\pi \left(1 + \dfrac{D^2}{16}\right)} \tag{4-8}$$

可以清楚地看到，几何聚光比是口径比 D 的函数。

当 $D \leqslant 1$ 时，上式简化为：

$$C_o = 34.2D \tag{4-9}$$

当 $D=4$ 时，从几何意义上来说，抛物面的焦点位于开口面上。这时聚光器的聚光比取最大值，即

$$CG_{max} \approx 68.4 \tag{4-10}$$

以上是对吸收体为圆管情况求得的结果。对其他形状的吸收体，可以沿用上述相同的道理进行分析。

任何一种聚光器，其聚光比的数值，大致代表该聚光器吸收体可能达到的温度的数量概念。自然，聚光比的数值愈大，则吸收体可能达到的温度也愈高。聚光集热器理论上最大可能达到的温度与聚光器相对口径比 D 的关系，如图 4-24 所示。图

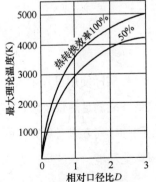

图 4-24 聚光集热器理论上最大可能达到的温度与相对口径比 D 的关系

中曲线是以太阳辐射强度 $1000W/m^2$ 和镜面反射率 85％ 为基础计算得出的热转换效率为 100％ 和 50％ 的两条曲线。

4.3.4   聚光型集热器目前存在的各种实际问题

聚光集热器是继平板集热器之后发展起来的太阳能利用装置，远没有平板集热器开发利用的历史长，技术上也没有平板集热器那样成熟，但是由于它本身所具有的优点，在整个太阳能利用中却占有十分重要的地位。

聚光集热器是中高温太阳能利用装置，与平板集热器的开发利用既没有矛盾，也不能为平板集热器所代替，相反，两者的结合，则可能为有效地利用太阳能开辟更为美好的前景。

但直至目前为止，聚光型集热器的某些性能还处在试验研究阶段。如要大规模实用，还存在很多问题有待解决，大致包括以下几个方面：

（1）关键部件的使用寿命。如镜面反射率，吸收体表面涂层的吸收率，就目前技术水平来看，经过半年或一年的使用时间后，性能大多有明显下降；

（2）曲面镜的加工工艺尚未得到满意的解决；

（3）解决聚光器及其支架最佳结构设计，使其不因本身的自重及风压而变形；

（4）研究精度高、稳定而价廉的跟踪系统；

（5）新的耐热、耐天候、透过率高的塑料材料的研究。

4.4   太阳能集热器的连接方式

在实际使用过程中，尤其在大规模的热水和供暖系统中，需要多组太阳能集热器才能满足热量要求，因此每一个集热系统必须安装成一个太阳能集热器阵列。不同的排列方式对集热器的流量和换热均有影响，对系统的总体效果也有影响。根据场地环境、系统运行方式，集热器连接方式可分为并联、串联、混联三种。

4.4.1   集热器的并联

该种连接方式中，集热器一端的顶部和底部与另一集热器的顶部和底部口对口相联，此集热器的顶部和底部又和第三个集热器相联，如此顺序联接。并联后第一台集热器与最后一台集热器各留一端口，一边留上端口，另一边留下端口，形成一个对角通路。如图 4-25 所示。

　　并联的集热器管路总水流等于各分水流之和，其总阻力小于各个分阻力。因此，并联集热器一般适用于水流动阻力较小的太阳能集热器自然循环系统。对于强制循环系

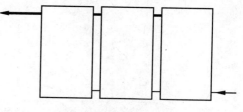

图 4-25　集热器的并联

统也可采用并联方式，而且由于系统阻力较小，水泵耗功量也较小。

　　但是由于并联管路各分支管线长度不同、管件的种类数量不同，会造成阻力不等，很容易使各分路的水流量不同，造成其循环换热效率有很大的差异，有时甚至可造成各分路集热器温度相差几十摄氏度。

4.4.2　集热器的串联

　　该种连接方式是一台集热器的出水口与另一台集热器的进水口相连，如图 4-26 所示。

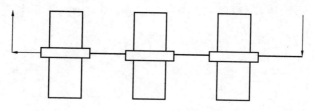

图 4-26　集热器的串联

　　对于串联系统，水流量处处相等，但水阻力较大，总阻力等于各集热器分阻力之和。所以，在自然循环系统中较少采用此种连接方式。在强制循环系统中，采用水泵加压，可采用串联管路，以保证各个集热器的流量相等，使各集热器效率尽量相同。

　　串联集热器的安装一方面要考虑风阻的影响另一方面要考虑成本造价，一般以不超过两排为宜。因此，为了串联更多的集热器，可以采用图 4-27 所示的方法，在前排集热器的顶端安装一个放气阀和排气管，然后再使管道返回地面，与

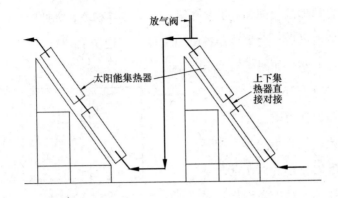

图 4-27   真空管集热器的串联

后一排集热器下端的进水口相连，形成两排连接的进口系统。

这种串联方式阻力较大，适宜用在强制循环中，其主要优点是各集热器水流速都相等，换热效率一致，而且其管路长度还可能会缩短，可减少材料费用和散热损失。

4.4.3 集热器的混联

所谓混联，就是先把若干个集热器并联，各并联集热器组之间再串联，这种混联方式叫并串联；或先把若干个集热器串联，再把各串联集热器组并联，这种混联方式叫串并联。如图 4-28 所示。

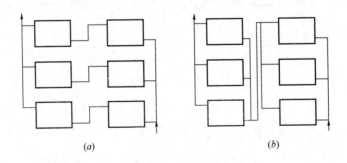

(a)   *(b)*

图 4-28   集热器的混联

(a) 集热器的串并联；(b) 集热器的并串联

1. 集热器串并联

图 4-28 (a) 为串并联系统。该种连接方式具有以下优点：

（1）上下集水管少。系统只有一条冷水集管和两条热水集管，材料费和安装费用较低；

（2）前排集热器没有热水上集管，减少了对后排的遮阴，可节省集热器占地面积。因此，在相同楼顶面积下可排列更多的集热器。

但该方式也存在缺点：

（1）自然循环时阻力大；

（2）需安装放气阀，增加了放气阀的冬季保温和如何保证其正常工作的问题，增加了系统运行的故障率。

2. 集热器并串联

图 4-28（*b*）为并串联系统。并串联系统与串并联系统相比，具有以下问题：

（1）上下集水管增多，材料费和安装费大幅度提升；

（2）由于增加了联排热水上集管，增加了对后排的遮挡；

（3）仍然需要安装放气阀，要考虑放气阀的冬季保温和如何保证其正常工作的问题；

（4）系统仍只能正压运行，不能负压运行。

4.4.4 集热器排列方式的选择

（1）尽量使系统能自然循环。供暖系统的太阳能集热器阵列都采用强制循环，但是当循环泵因故停止运行时，要使集热系统能够进行自然循环，且要使自然循环和强制循环的方向一致。这样可提高系统运行的可靠性，能降低强制循环的耗电量。

（2）尽量满足供暖所需要的集热面积。对于热水工程，由于所需的集热面积较小，一般不存在场地问题。但是对于供暖工程，由于需要的集热器面积较大，不仅二层以上楼房存在场地问题，就是平房也往往存在场地不够用的问题。因此在确定排列方式时，要把占场地面积的大小作为重要因素对待。

（3）管路的长度影响系统循环的阻力和系统成本，因此要尽量采用较短的管路。

（4）各集热器的流量平衡原则。设计管路走向、循环泵安装位置等要保证各集热器的流量尽量相等，以充分发挥各集热器的效能。

（5）正负压原则。尽量采用负压运行，只有当管路中设置放气阀时才采用正压运行。

（6）可靠性原则。要保证系统运行时稳定可靠，即使出现小的运行故障，也要便于维修，不会演变成大的系统故障。如当循环泵出现故障时，系统仍能进行自然循环。

太阳能热水技术

利用太阳能将水加热，以满足人们生活中对热水的使用要求是太阳能的主要应用形式之一。把太阳能转换成热能主要依靠集热器。集热器受阳光照射面温度高，背阳面温度低，而管内水便产生温差反应，利用热水上浮冷水下沉的原理，使水产生微循环而逐渐被加热。

我国自 1978 年引进全玻璃真空集热管的样管，经过 20 多年的努力，已经建立了拥有自主知识产权的现代化全玻璃真空集热管产业，产品质量达到世界先进水平，产量雄居世界首位。

我国太阳能热水技术的发展经过了以下几个阶段：

（1）研究开发阶段：从 1978 年中国诞生第一台太阳能热水器，到 1986 年卧式磁控溅射镀膜机的设计制造，这一阶段是在政策扶持下进行的。

（2）孕育发展阶段：1987 年，我国制造了第一支全玻璃真空集热管。在之后的几年里，全玻璃和热管式真空管集热器实现了产业化，产业规模达到中试水平，为下一阶段产业的规模化奠定了良好的基础。

（3）初级发展阶段：从 1993 年开始太阳能产业进入初级发展阶段。由于成果转化需要很长一段时间的磨合，特别是受技术人员缺乏的影响，此阶段的产品质量有待于进一步提高，整体来讲，发展速度较为缓慢。这一时期山东力诺集团为主的真空管生产企业的产品占了真空管生产绝大部分市场。

（4）高速发展阶段：1997～2001 年太阳能产业得到高速发展，逐渐形成北京、鲁东、泰安、扬州、海宁等 5 个产业基地，并以此向周围不断辐射，产能得以迅速提升。

近年来，中国太阳能光热企业纷纷奔赴海外，继 2004 年，太阳雨将中国的真空管太阳能产品第一次带出国门，到 2008 年上半年出口近 80 个国家、销量继续以两倍速度增长，力诺瑞特、桑乐、皇明等中国太阳能光热行业的龙头企业纷纷进军国际市场。

在农村地区，由于 2009 年的"家电下乡"政策，使太阳能热水器有了广泛的发展。农村地区的建筑一般都是单体建筑，受光照时间长、面积广，给太阳能热水器的使用和安装提供了有利的条件。受到国家政策的扶持，太阳能热水器行业迅速步入了发展的正轨道、增长的快轨道。

本章主要介绍户式太阳能热水器和小型太阳能热水系统。户式太阳能热水器是指单台太阳能热水器供一个卫生间及厨房使用的太阳能热水装置，这种装置一般将集热器和贮热水箱做成一个整体。小型太阳能热水系统是指集中供多个卫生间等使用的系统，这种系统由于需要的集热器面积和储水箱容积较大，需要根据建筑情况分开布置安装。

5.1 户式太阳能热水器

5.1.1 太阳能热水器组成

太阳能热水器是由集热器、贮热水箱、支架、连接管道等组成的，如图 5-1 所示。集热器前面已有介绍，这里不再赘述。

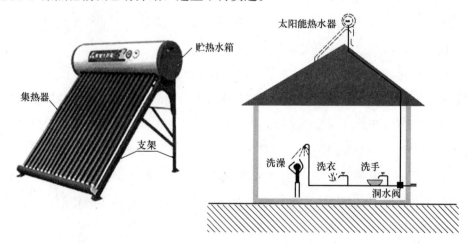

图 5-1 户式太阳能热水器

1. 贮热水箱

太阳能热水器贮热水箱由内胆、保温层、水箱外壳三部分组成。和电热水器的保温水箱一样，是储存热水的容器。因为太阳能热水器只能白天工作，而人们一般在晚上才使用热水，所以必须通过贮热水箱和集热器把白天产出的热水储存起来。

水箱内胆是储存热水的重要部分，所用材料强度和耐腐蚀性能至关重要。市场上有不锈钢、搪瓷等材质。保温层保温材料的好坏直接关系着热效率和晚间、清晨的使用，在寒冷地区尤其重要。目前较好的保温方式是聚氨酯整体化发泡保温工艺。外壳一般为彩钢板、镀锌板或不锈钢板。

贮热水箱要求保温效果好，耐腐蚀，不污染水质，使用寿命达到15~20年以上。

2. 支架

支架是支撑集热器与贮热水箱的架子，同时也是在屋顶安装固定热水器的固定架。要求支架结构牢固，抗风吹，耐老化，不生锈。材质一般为彩钢板或铝合金。要求使用寿命达到20年。

3. 连接管道

将热水从集热器输送到贮热水箱、将冷水从贮热水箱输送到集热器的通道，使整套系统形成一个闭合的环路。设计合理、连接正确的循环管道对太阳能系统是否能达到最佳工作状态至关重要。热水管道必须做保温处理，管道必须有很高的质量，保证有10年以上的使用寿命。

5.1.2 太阳能热水器的分类

1. 从集热部分来分类

太阳能热水器根据集热部分的不同分为真空玻璃管太阳能热水器和金属平板太阳能热水器。

真空玻璃管太阳能集热器是目前吸热效率最高的集热器，优点在于不需要在集热部分再增加保温层，而且现在的真空玻璃管无论在抗高温，抗打击和保温上，性能都较好，因此被绝大部分太阳能热水器生产厂家所采用。其缺点在于体积比较庞大，管中容易集结水垢。

金属平板太阳能热水器是在传热性能极佳的金属片上，覆盖上吸热涂层，利用金属的传热性，将吸收的热量传递到水箱中。其优点是外观美观，装置方便，可以做成平板，而且不容易损坏。

2. 从结构来分类

太阳能热水器根据结构的不同分为整体式太阳能热水器和分体式太阳能热水器。

整体式太阳能热水器是将真空玻璃管直接插入水箱中，利用加热水的循环，使得水箱中的水温升高，这是目前厂家大都采用的最常规的技术。一般该类热水器只有建筑顶层的住户能用。

分体式太阳能热水器是为了解决不是顶层用户也能使用太阳能热水器而研制的。分体式的循环有两种，一种是靠水的自然循环，这种热水器热交换效率很低，难以满足用水要求；另一种是靠泵循环热交换，使用泵循环，可以解决自然循环效率低的问题，明显改善水的热交换，但要消耗一定的电能。

3. 从水箱受压来分类

太阳能热水器根据水箱是否受压分为承压式太阳能热水器和非承压式太阳能热水器。

承压式太阳能热水器必需使用承压式水箱，这就要求水箱具有很好的密封性能，因此制造水箱成本较高，也存在一些安全性问题，一般要求耐压达到 7 个大气压。承压式太阳能热水器的上水直接连接在自来水管上，随着热水的使用，自来水靠自身压力自动进入水箱。如图 5-2 所示。

非承压式太阳能热水器水箱有一根管子与大气相通，利用屋顶到用水点的高度落差，使热水流向用水点。这种热水器的上水是靠水箱内的水位控制的，自来水接入水箱时要安装一个浮球阀。随着热水的使用，水箱内水位下降，浮球阀会自动打开，向水箱补充自来水，当水箱水位升高到设定高度时，浮球阀自动关闭。非承压式太阳能热水器的安全性、使用寿命都比承压式要好得多，成本也较低。如图 5-3 所示。

4. 从气候条件来分类

太阳能热水器根据所应用的气候条件不同分为普通太阳能热水器、全天候太阳能热水器和全自动太阳能热水器。

普通太阳能热水器是最基本的热水器，在晴好天气能出热水正常使用，但阴天或室外温度较低（一般低于−5℃左右）时，如果储藏的热水用完了，就不能

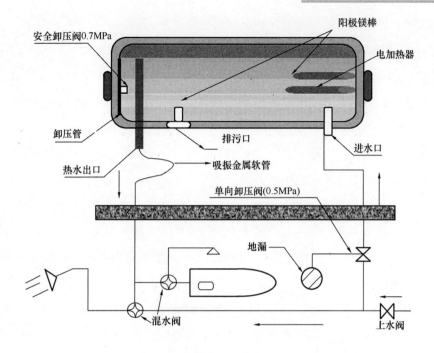

图 5-2 承压水箱太阳能热水器

出热水了。

全天候热水器在普通太阳能热水器的基础上增加辅助电加热系统，当阴天或室外温度较低加热量不足时，打开电加热对水进行加热，所以各种气候条件都能使用。

全自动太阳能热水器装有自动辅助电加热装置和自动上水装置，能够自动对热水进行简单管理，只要打开热水器就可以

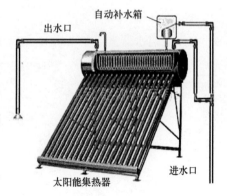

图 5-3 非承压水箱太阳能热水器

出热水。热水器往往配有水位、水温显示器，使用户对屋上的热水器的工作状态基本了解，有的控制仪还有排空和循环功能使热水器更好使用。

5.1.3 太阳能热水器的性能优势

随着人们环保意识的不断加强，越来越多的农村消费者倾向于选择太阳能热水器，但很多人对使用这种产品又不是很了解。在这里，我们将太阳能热水器、

电热水器和燃气热水器的性能作一个粗略的比较。

1. 热水产量方面

燃气热水器有 5 升、7 升、8 升等不同的型号，是指在 1 分钟内将水温升高 25℃时所产的热水量，如果自来水的温度为 25℃，则每分钟可产 50℃的热水 5 升、7 升或 8 升。

电热水器的标注则是"升"，有 30 升、60 升、90 升等等，这是指电热水器的容水量，相当于我们在电炉子上加一个水壶，这个水壶的盛水量是 30 升、60 升、90 升。拿一个 8 升的燃气热水器与一个 40 升的电热水器相比较，8 升的燃气热水器可连续不断地产生每分钟 8 升的热水，而电热水器需要间隔一定的时间（如半小时）加热一罐水。如果这一罐水用完，还要等一段时间进行加热。

太阳能热水器与电热水器相似，也是需要一定的时间将一罐水加热，但这个时间比电热水器要长得多，具体时间与太阳辐射强度、自来水水温、室外空气温度有关。如果晚间将一罐热水用完，就要等到第二天再加热，这就对使用带来极大的不方便。解决的方法之一是加大集热面积和贮热水箱容积，之二是在贮热水箱内安装辅助电加热装置。

太阳能热水器按照年平均气温 15℃、年日照时数 2000h、太阳总辐射总量年均为 $4.19 \times 10^6 kJ/m^2 a$ 计算，如果集热面积为 $2m^2$，年吸收太阳辐射能量为约 $9.37 \times 10^6 kJ$，按把水温升高 35℃计算（基础水温 10℃），全年可提供生活用热水（45℃）约 64t，每人每次洗澡用热水约 50kg，则全年可洗 1280 人次，平均每天可洗 3 人次。

2. 加热速度方面

目前生产的燃气热水器大多为快速热水器，不论什么时候，只要想用热水，打开燃气阀和水龙头，热水就会流出来。而电热水器需要预先通电半小时左右，才能开始使用。太阳能热水器加热速度较慢，加热时间与气候相关。

3. 温度稳定性方面

燃气热水器由于是快速加热，并有调整温度装置，只要在使用开始时调到人体感觉舒适的温度，而后就会一直保持在这一温度恒定地供应热水。

电热水器在使用时需要另外接一根冷水管兑入冷水，当罐内水不断流出，冷水不断加入时，水温就会逐渐下降，直到全部是冷水。所以在使用时，需要不停地去调整冷热水的比例。

太阳能热水器的情况与电热水器类似。

4. 功率方面

燃气热水器的功率要比电热水器大很多，拿一个 8 升的燃气热水器和 40 升的电热水器相比较，8 升燃气热水器的功率相当于 16～17kW，而 40 升的电热水器一般为 3kW，这也是为什么燃气热水器可连续供应热水的原因。那么，电热水器是否也可做成更大的功率，如 16kW 的呢？这是不可能的，因为家用电表、电线都无法承受这么大的功率。

太阳能热水器若加装辅助电加热器，则功率一般与同水箱容积的电热水器相同或略小，但由于只起"辅助"作用，实际消耗电能比电热水器小很多。

5. 价格方面

8L 的燃气热水器价格一般在 800 元以上，再加上安装费，大约在 1000 元以上，有的甚至接近 2000 元，40L 左右电热水器现在都在 1000 元以上，加上安装费用，一般 1500 元左右。近似加热量的太阳能热水器的价格都在 3000 元以上。

使用费用方面，目前天然气每立方米为 2.0 元左右，每度电为 0.50 元左右，而太阳能热水器无能源使用费用，这是太阳能热水器最大的优势。

6. 安全性方面

燃气热水器的优点是加热快、出水量大、温度稳定、结水垢少、占地小、不受水量控制。缺点是使用时要排出大量的废气，废气中除了二氧化碳以外，还有一氧化碳，如果使用时关闭门窗，通风不良，一氧化碳会增加，严重时会发生中毒事故，但如果能正确地了解这一点，使用时注意，也是很安全的；另外，燃气热水器，安装不方便，要在墙上打洞、安排气扇等。

电热水器的优点是能适应任何天气变化，普通家庭可直接安装使用，长时间通电可以大流量供热水；使用时不产生废气，所以从这一点上讲是既安全又卫生，目前市场上销售的电热水器多数还带有防触电装置。缺点是体积大、占用室内空间大、易结水垢、对电能浪费大，新型的电热水器内置了阳极镁棒除垢装置，解决了产品容易结垢的问题，但阳极镁棒须两年更换一次，给保养带来了麻烦。

太阳能热水器的优点是安全、节能、环保、经济，尤其是带辅助电加热功能的太阳能热水器，它以太阳能为主、电能为辅的能源利用方式，可全年全天候使用。使用寿命长，主要部件使用寿命可达 15 年以上，经济效益显著，一次投资长期受益。太阳能热水器的回收期同与之比较的常规能源的价格有关，一般情况下，可在 3～5 年内全部收回投资。缺点是安装复杂，安装不当会影响住房的外观、质量及村容村貌；同时因为要安装在室外，维护较麻烦。

5.2 小型太阳能热水系统

小型太阳能热水系统用水点多，用水量大，因此需要的集热器面积较大，贮热水箱也较大，需要合理的系统设计和专业安装才能保证使用效果。

5.2.1 自然循环系统

自然循环系统是指水靠密度差在系统中（集热器和贮热水箱之间）流动并被逐渐加热。这种系统不需要外在动力，设计良好的系统只要有 5～6℃以上的温差就可以正常循环。

在太阳光照条件下，集热器吸热加热管内的热水，集热器内的水温被提高，与贮热水箱内的水温相比，水温差距较大。由于集热器内的水温较高，密度减小，开始慢慢上升到高位的贮热水箱中，而贮热水箱内的水由于温度较低，密度较大，自然向下流入处于较低位的集热器内。如此不断地循环，使贮热水箱内的水温逐渐升高，但这是一个缓慢的过程。水箱内的水位通常采用机械式浮球阀控制。

系统优点：运行方式简单，投资小，设备维护费用少。

系统缺点：贮热水箱必须要高于集热器，根据经验一般在 0.5～1.5m 之间，安装困难。贮热水箱内的水升温比较缓慢。对管道的坡度有严格的要求，不宜做成较大（集热器面积 $30m^2$ 以上）的系统。

5.2.2 机械循环系统

为解决自然循环系统的缺点，可以采用在集热器和贮热水箱之间加装循环水泵的方式。水泵强制水在集热器和贮热水箱间循环并被逐渐加热，水流更顺畅。

贮热水箱不必高于集热器，可以选择更合理的位置，甚至可以放置在室内、地下室。贮热水箱安装高度低于集热器时一般要采用密闭式承压水箱。机械循环太阳能热水系统如图5-4所示。

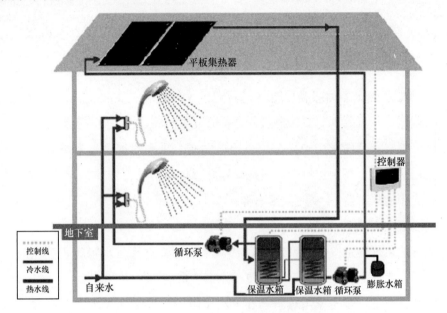

图 5-4　机械循环太阳能热水系统

5.2.3　定温放水系统

这种系统形式应用较为广泛，大、小型热水系统均适用。在太阳光照条件下，在太阳能集热器的出水末端增加一个温度探头（水箱内的水位可以采用机械浮球阀控制也可以采用控制器控制水位探头）。当集热器内的水温达到设定值时，控制器发出信号，控制打开电磁阀，冷水把已经达到设定温度的热水顶入贮热水箱并储存起来；当集热器内水温低于设定值时，控制器开始动作使电磁阀自动关闭。如此不断循环使贮热水箱内的高温水不断增多，当贮热水箱内的水位达到最大水位时，系统关闭，不再进水。

系统优点：相对自然循环系统产热水速度大大提高；系统运行由控制器控制，智能化提高，系统相对比较稳定。

系统缺点：对贮热水箱保温性能要求较高，当贮热水箱内的水温降低而水箱又处于满水位时，无法使集热器内的高温水继续进入水箱，造成浪费；系统增加控制器及温度探头，设备维护费用提高。

5.3 太阳能热水系统的使用与管理维护

5.3.1 基本知识

1. 太阳能热水器的保温功能

太阳能热水器的真空玻璃集热管是双层玻璃构成，内表面镀上热吸收层，两层之间为真空，这样相当于一个拉长的保温瓶。热水器水箱是采用双层钢板构成，内层一般为不锈钢材料，中间是聚氨酯整体发泡的保温体，保温效果良好。合格的太阳能热水器 24 小时温度下降在 5℃以内。

2. 太阳能热水器能达到的温度

太阳能热水器是按照冬季日温升 50℃来设计真空管与水箱容积配比的，正常情况下，水温能达到 50～70℃，夏季水温有可能达到 70～90℃。

一般情况下，普通家用热水器在上满水时不会被晒开（达到 100℃），因为当水温升高到一定温度时达到热平衡，此时吸收热量与散失热量相等，水温不再上升。要想热水器把水晒开必须减少贮水或增加集热面积。

3. 太阳能热水器内胆中所装水的清洁程度

一般情况下，太阳能热水器内胆中所装的水不适于饮用，除非是专门设计的可饮用、承压太阳能热水器。这是因为普通太阳能热水器里的水经过反复加热容易产生有害物质。

4. 太阳能热水器能否在阴天使用

阴天对太阳能热水器的水温影响很大，带有辅助电加热功能的太阳能热水器可以克服这一影响。

5. 真空管为玻璃制品，在下冰雹时能否破损

真空管的材料为高硼硅，强度高，正常情况可抵御直径为 25mm 的冰雹的冲击。

6. 聚氨酯保温材料闭孔率

闭孔率是指聚氨酯发泡孔关闭的程度，是反映聚氨酯保温材料保温性能的一

个参数。一般较好的聚氨酯发泡层闭孔率应在 90% 以上，热损失极小。

7. 管道的防冻

在严寒地区普通保温材料无法保证管道防冻要求时，必须使用电热带。电热带称为并联式电热带，是在两条母线（火线与零线）之间每隔一定距离并联上一个电加热节（电热元件），靠加热节点发热来达到保温防冻的目的。

一般太阳能热水器管道保温用的电热带功率为 10～20W/m，电压为 220V，每 m 电流约为 45～90mA。

8. 决定全玻璃真空集热管太阳能热水器寿命的因素

(1) 全玻璃真空集热管，集热管内外层玻璃质量要符合国家标准，外层强度要高，内层抗温度变化性要好。

(2) 镀膜，应牢固不脱落。

(3) 水箱，内胆、外壳金属抗腐蚀性能要好，水箱保温材料性质要稳定。

(4) 支架应不锈蚀，固定要牢靠。

5.3.2 安装常识

1. 安装太阳能热水器应注意的问题

太阳能热水器要面向南方，安装在无遮挡处。太阳能热水器集热器必须尽量面向南方安装，以获得最大的太阳辐射能。

依据用户洗浴时间需要，集热器吸热面可正南方±10°。偏东 10°可早产热水，偏西 10°晚产热水。

安装位置全天不得有树木、建筑等障碍物遮挡集热器；即便有遮挡也不应超过 1 小时。

农村单门独院装热水器条件是最好的，旧房可以采用外墙布管的方式对每层的卫生间布进热水管，室外的管路应进行保温，严寒地区还要装电热带。

热水器要固定好，要防止强风造成损坏。一般采用水泥墩、打膨胀螺栓或用钢丝绳固定几种方式，根据屋顶情况选择最佳固定方式。如果打膨胀螺栓，膨胀螺栓有可能破坏屋顶防水层，要求做防水处理。

2. 上下水管和溢流管的管材

太阳能热水器内水温最高可达 95℃，为防止材料老化或软化，影响正常使用，最好使用优质铝塑管。因管路暗装的多，为保证不渗漏，不采用镀锌钢管。不同厂家生产的铝塑管因质量不同，会有较大的价格差。主要表现在：一是塑料的材质和厚度有差别；二是铝芯结构不同，有焊接式和搭接式；三是铝芯的材质和厚度的区别。

3. 太阳能贮热水箱的保温材料

太阳能贮热水箱的保温材料一般不可用聚苯乙烯。因为太阳能热水器的水温最高可达95℃，聚苯乙烯保温材料在此高温下收缩很大，使保温层产生很大的缝隙，质量差的在此温度下可发生较严重的收缩变形。

4. 太阳能热水器的避雷

（1）太阳能热水器安装前，应先将楼顶热水器旁边的避雷针有效地加高，使其高出热水器顶部半米以上，同时热水器水箱必须有效接地；

（2）室内出水口必须与地线等电位连接；

（3）雷雨时不使用热水器。

5. 太阳能热水器的渗漏检查

太阳能热水器安装后，必须检查确定没有渗漏后再试运行。

承压式太阳能热水器安装完毕后，在管路不保温条件下，用水泵依据热水器说明书要求加压15分钟，观察是否渗漏。

非承压式太阳能热水器安装完毕后，在管路不保温条件下，系统充满水，观察15分钟，检查是否有渗漏。

当管路系统有渗漏时，应重新安装；当太阳能热水器主体渗漏时，要及时通知生产厂家更换产品。

5.3.3 日常使用常识

1. 太阳能热水器在使用过程中应注意的问题如下：

（1）定期检查热水器的管道，排气孔等元件是否正常工作；

（2）大气污染严重或风沙大、干燥地区应定期冲洗集热器表面；

（3）热水器安装后，非专业人员不要轻易挪动、装卸整机，以免损坏关键元件；

（4）雷雨天气请不要使用太阳能热水器；

（5）长期不用时，应用遮挡物遮挡集热器，避免热水器长期空晒，以免影响密封圈的性能、寿命；

（6）有大风时要保持水箱满水。

2.太阳能热水器水满的判别方法

非承压式贮热水箱一般安有溢流管，可根据溢流管是否排水判断水满状态，另外可以配备水位控制仪，水满自动报警，根据报警判别。

3.太阳能热水器的上水时间

真空管内无水时，即空晒状态下，管内温度能达到250℃左右，此时上水会造成真空管爆裂。

对真空管热水器首次上水时，可采用以下任何一种方式：首先将真空管注满水，然后插装，插装完毕后马上给水箱上水；晚上上水或日出前和日落后2小时左右上水；烈日下安装时，可将真空管遮挡数小时以上，待管内降温后上水。

上水后，上水应在晚间，切忌无水电加热，严禁带电洗浴。

在春、夏、秋三季，若热水器上满水后，连续多日晴天未用，须提防过热或水箱内蒸干。当溢水管出水时说明水箱已满，此时关闭上水阀门。

4.使用太阳能热水器应注意的安全问题

使用太阳能热水器要注意使用安全，防止使用者烫伤。全国近两年来已有数例被烫伤的案例，被烫伤者往往认为太阳能产生的热水温度不会太高，实际上在夏天太阳能热水器中的水温往往达到80℃以上，使用者不注意往往被烫伤，在刚放水洗澡时要注意到起先放出的是水管中储存的部分凉水，一旦太阳能热水器中的热水流到，温度会忽然上升到80℃以上，造成烫伤。

为防止水温过高烫伤人体，应先打开冷水阀门，然后调节热水流量，用手试水温至合适为止。冬季室温不够，可用浴霸、暖风机或其他辅助能源提高室温。夏季白天用完热水后，要立即上水，否则阳光有可能将集热器内水蒸干，并产生高温，尤其是对空晒后的真空管注入冷水可能导致真空管破裂。

5.夏季太阳能热水器长时间不用时应注意的问题

真空管太阳能热水器效率高，在夏季晴天的情况下，不到两天水温可达沸点，若长时间不用水，如出差、旅游时，使水箱内长时间处于高温、高压的状态下，会促进密封圈的老化，加速聚氨酯保温材料的老化、萎缩。承压式贮热水箱有时安全阀排气不畅通，压力太大还会使水箱胀坏，结水垢，缩短水箱的寿命。因此，若长期不在家，应安排别人经常放热水上冷水，或者在真空管集热器上放置遮盖物挡住阳光，待回家后，再除去。

太阳能热水器好几天未用的水一般都是较热的水，能达到 70℃ 以上，尤其在夏天晴朗天气超过 2 天，水就会沸腾，到夜间会适当降温，使水温保持在 60～70℃ 区域时间很长，而这个温度区域是水中细菌繁殖的极佳温度，因此，如好几天或长期不用的热水，水质较差，细菌多，要排放掉，不要用来洗澡或烧开水饮用。这样的水洗澡对皮肤不利，长期使用这种水洗澡会引发皮肤病。

太阳能热水器投入使用后，要经常使用，建议每天最好使用 4 至 5 次，间隔时间在 4 小时以内。

6. 冬季太阳能热水器的使用方法

在冬季，日照强度低，日照时间短，且环境温度低，有可能上水当天达不到预计温度，此时可适当控制水箱内水量，或在必要时启动电辅助加热系统。

冬季不需要放掉水箱中的水，因为水箱中的水是有热容的，也就是说太阳能贮热水箱中的水是有一定热量的，水量越大，热容越大，越能延缓结冰的速度。如果把水放了，真空管中的水是放不出来的，热容变小了，容易结冰。

5.3.4   常见问题

1. 放不出热水

放不出热水的原因主要包括：真空管破坏，需要更换真空管；管道堵塞、阀门失灵，需要检修水管路；自来水水压高，热水流不出来，需要调小自来水流量；热水器为多路出水，有串水现象，需要安装独立阀门，并关好阀门；如果安装了全自动水箱，也可能是水箱中的浮球阀关闭不严或失效，导致不断补充冷水，降低了水温，需要更换浮球阀及相关部件。

2. 水温忽冷忽热

自来水压力比热水压力大，先开冷水，再开热水，然后微调冷水流量。自来水压力波动，洗浴时不要开另外的自来水阀门。

3. 太阳能热水器漏水

太阳能热水器漏水的原因包括：真空管损坏，需要更换真空管；硅胶圈密封不严或损坏，更换硅胶圈即可；溢流管堵塞，造成水箱抽瘪，需要更换主水箱；室内混水阀串水，需要将混水阀调至热水或冷水一边；上水管压力过大，自动阀门关不严，需要装减压阀。

4. 非承压太阳能热水器出现胀破或抽瘪现象

非承压太阳能热水器贮热水箱承压能力很低，且一般只留有一个排气孔，因异物堵塞排气口或安装时使排气口口径过小，在上水或排水时不能有效地卸压（正压或负压），或当地水压过大，水流量超过排气口的流通能力，使贮热水箱承压，都会使水箱涨破或抽瘪。主要原因包括：冬天保温不好使排气口被冰封堵；溢流/排气口使用的材料长期受热蒸汽的蒸烤软化堵塞排气口；安装时使用的排气、溢流口管件口径大小。

5. 电加热功率太小，升温太慢

现在一般居民家庭用电总容量都有所限制，且家用电器也较多，太阳能热水器所配电热器是与大多数家庭的用电容量允许范围相适合，一般可通过提前加热来解决升温慢的问题。因电热器已集成了温控器，不必担心无人时造成水温过高或出现危险，如果安装了水温控制装置，则可设置成定温或定时自动加热模式。

6. 管道损坏

目前大都使用塑料类管道，在太阳光照射下容易风化，特别脆，况且管道里经常冷热水交替，更容易导致管道的使用寿命降低。经销商在销售太阳能热水器时，零售价中基本上包含了安装和材料费用，客户也希望价格便宜，安装到位，一些经销商为了给客户安装太阳能时考虑到安装材料成本费用，往往采用质量一般的产品，而且在防晒上面不采取措施，造成管道损坏。建议在购买太阳能热水器时不要考虑一时的便宜，而造成售后麻烦。自己可以考虑采用质量好的自来水管，再做好必要的保温及防晒处理，这样管道寿命会大大提高，售后问题也会减少，当然成本费用上也会提高。

7. 不上水或溢水管不出水

原因主要包括：停水或水压太低；管路接口脱落或破损；阀门失灵未打开；溢流管脱落，水箱水满后溢流到楼顶，感觉不上水；集热器或真空集热管破损。

8. 冬天下不来热水

造成这种现象的原因主要包括：上下水管路冻结，需要解冻上下水管；上下水管道漏水，需要检修管道；室外管路没有保温或保温材料连接处不严，没有启用电热带，需要对管路进行保温或启用电热带。

9. 自来水管内有热水

自来水管内出现热水主要原因是上水管路上未安装止回阀，或安装的止回阀质量较差，关闭不严或损坏，在自来水压过小时出现倒流现象。可通过安装止回阀或更换新的止回阀解决该问题。

10. 温度达到最高点时对太阳能热水器的影响

水箱内水温最高可达100℃，会生成水垢，大量的水垢会聚集在真空管底部及水箱内，会降低集热效果；水温太高还会促进密封圈的老化，加速聚氨酯的老化、萎缩，缩短水箱使用寿命。应采取必要的防护措施，如遮挡真空管，水箱补水等，使水温尽量保持在80℃以下。

5.3.5　清洗

太阳能热水器是利用太阳能将水从低温度加热到高温度的装置，是一种热能产品。人们在充分享受太阳能热水器带来便利的同时，许多用户对怎样清洗太阳能热水器却知之甚少。下面就介绍一下太阳能热水器的清洗。

清洗太阳能热水器不仅是一种卫生习惯，还可以延长太阳能热水器的使用寿命。如果不经常清洗太阳能热水器，不但会降低其使用价值，还会给您带来不必要的麻烦——如爆裂，漏水等。

1. 定期清洗太阳能热水器的好处

（1）缩短加热时间；

（2）热水器储存热水量不会减少；

（3）省电费；

（4）清除水杂质有助于身体健康；

（5）避免水垢积多真空管热量散发不了引发爆炸事件。

2. 清洗太阳能热水器的方法

（1）打开太阳能热水器进水口；

（2）将太阳能热水器除垢剂加入到贮热水箱；

（3）自动热循环20～30分钟，使除垢剂溶液充分接触各部位；

（4）打开排水口，排干清洗液；

（5）将水箱加满水后再循环两分钟；

（6）排干循环水，清洗除垢工作完成。

5.4 太阳能热水系统的户型匹配

5.4.1 别墅型

适用于：高档别墅或高档低层住宅别墅型。

主要设备：高性能平板集热器、承压搪瓷内胆水箱、控制系统、换热器、膨胀罐、循环泵、增压泵、管路及配件等。

安装要求：管路预埋。

优势：

（1）平板集热器安装在屋顶，与建筑完美结合；

（2）集热系统安全可靠稳定，无冻堵、结垢、渗漏等问题；

（3）确保白天最大限度的利用太阳能，最大限度节省能源，使用者也可据自己习惯调节辅助能源启用时间；

（4）水箱承压运行，自来水顶水出水，压力稳定，冷热水泵均可；

（5）用户无需控制，只需调控辅助能源的启停，简单方便，容易操作；

（6）承压水箱用水有防电墙设计，更安全、可靠；

（7）平板集热器寿命在 25 年以上；

（8）干净换热，水箱内生产的热水清洁卫生、无杂质、无污染；

（9）系统全承压、全自动运行，维护简单方便快捷。

5.4.2 非正常供水条件/尖顶房

（1）用户难题：家中没有自来水，有一口井，无法使用一般的热水器。

解决方案：通过潜水泵将井水抽到压力罐；压力罐再将水压入太阳热水器中；洗浴时，只需打开混水阀进行冷热调和即可，如图 5-5 所示。

（2）用户难题：家中有自来水，但当地为定时供水，在不供水的时候无法进

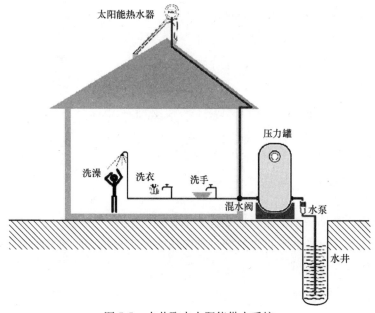

图 5-5   水井取水太阳能供水系统

行正常洗浴。

　　解决方案：屋顶设储水箱，随时取水。定时供水时，将热水器水箱及储水箱上满水；洗浴时，将热水器中的热水与储水箱中的冷水通过混水阀调到合适水温即可，如图 5-6 所示。

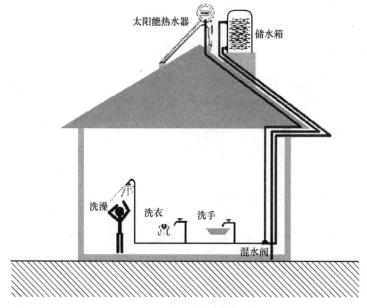

图 5-6   定时供水太阳能供水系统

5.4.3 非正常供水条件/平顶房

（1）用户难题：家中常有自来水，但水压过低，水无法传递到屋顶，导致热水器无法使用。

解决方案：在进出水管路上加设增压泵，打开阀门上水时，增压泵将自来水压入太阳能热水器水箱；洗浴时，增压泵压出的冷水与热水器中的热水混合即可，如图 5-7 所示。

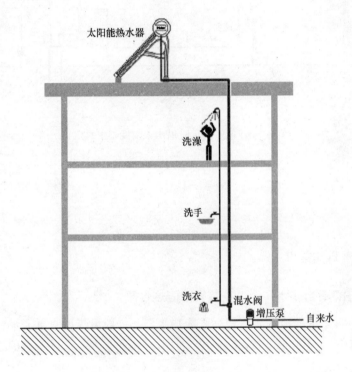

图 5-7　低水压太阳能供水系统

（2）用户难题：家中有自来水，水压过低，而且定时供水，一般热水器无法使用。

解决方案：家中设大型储水箱，通过自吸泵将储水箱里的水压入热水器中；使用时，通过温水阀将热水器中的热水与储水箱中泵出的冷水混合调节即可，如图 5-8 所示。

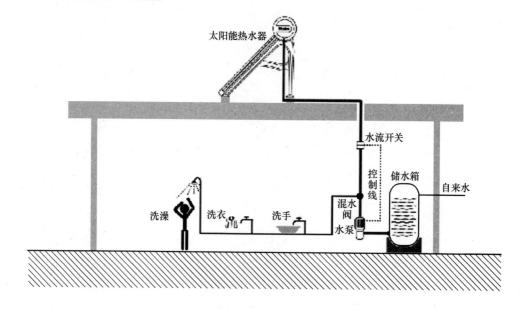

图 5-8 低水压定时供水太阳能供水系统

5.5 太阳能热水系统的选购

5.5.1 选购常识

1．周围没有自来水，能否安装太阳能热水器

在没有自来水的地区要使用太阳能热水器，一般可借助水泵上水，另外再增设一辅助水箱与太阳能贮热水箱同一高度，用以储存凉水，以便洗浴时混合凉水。

2．水质不好能否安装太阳能

可以安装太阳能，但会缩短真空管和电加热器的寿命。

3．水压不够时能否使用太阳能

当地水压不够时，可以使用增压泵来解决这个问题。

4．太阳能热水器的容量要求

一般家庭洗浴用水量为每人 30L～40L（水温为 45～50℃），若家庭用水包括厨房在内，则可按人均用水量 40L 估算用水总量。家庭太阳能热水器冬季水温一般按 50~60℃计算折算热水器容水量（有些厂家热水器标定容积为热水器实际可用水量，有些则包括真空管等不可用水量在内）。

5. 购买太阳能热水器时应考虑阴雨天因素

可以购买带电辅助的太阳能热水器，阴雨天手动或自动（需要配置控制器）启动电加热来辅助加热。

6. 太阳能热水器电加热时的"防干烧"功能

"防干烧"一是指电加热器选用的是英格莱阳极镁棒电加热管，本身具有承受一定时间干烧的能力；二是电加热集成了自动限温控制元件，达到限定温度时自己断电，使在无水状态下不致长时间运行而烧毁电热器。

7. 顶水式热水器和落水式热水器的选用说明

顶水是指一边上水，一边用进来的冷水将热水顶出水箱进入管道。顶水式热水器亦称承压热水器，这种热水器出水压力较大。落水式热水器是指将热水器的水利用重力自然落入用水管道，等贮热水箱中的热水用完才再进水，这种热水器出水压力较小。由于太阳能对水的加热是有时间限制的，白天加热，晚上就停止加热了，所以无辅助电加热的话还是选用落水式的热水器较好，当白天产生的热水在晚上用光或停止用水后再加水，可以防止水温下降，达到始终有热水用的效果。

5.5.2　选购指导

1. 选购要"四看"

一看聚光集热效果。聚光集热能力的强弱是衡量热水器性能优劣的重要标志，也是影响热水器得热量的重要因素。真空管是太阳能的集热"心脏"，它将光能转化为热能，让水箱里的水热起来，所以相同外界条件下真空管得热量的多少，直接影响到水温的高低。目前，市场上有两种真空管，一种是采用传统渐变膜工艺制造的真空管，另一种是采用国际领先的干涉膜专利技术制造的，具有"耐高温、抗高寒、更高效"特点的三高真空管，后者是前者的替代产品，它将热水器得热量提高了 30%，彻底解决了传统真空管在阴雨天光照不足时水温不高、冬天温度过低时太阳能热水器不好用的难题。

二看保温性能。贮热水箱的性能优劣主要体现在保温效果上。贮热水箱不仅要看保温层厚度，还要看保温材料及工艺。

贮热水箱保温层的厚度与材质是影响贮热水箱保温能力的重要参数。特别是在长城以北的地区，建议选购保温层厚度在 60mm 以上的产品。

三看支座强度。目前应用较多的是流线型塔式支座，它采用加强、超高底座，克服了传统细杆式支架单薄不抗风的不足，抗风、抗雨雪、抗冰雹、耐腐蚀能力更强。

四看品牌和服务。太阳能热水器主机在户外，常年经受风吹雨打，需要经专业人员维修、维护。目前国内有太阳能热水器厂家数千家，由于国家迄今还没有统一的太阳能热水器检测标准，部分产品质量不过关，安装服务不到位，给用户使用带来麻烦。买太阳能热水器买的不仅是产品，更重要的是服务。因此，应选择有实力的名牌专业厂家的产品，这样的厂家安装服务人员一般都经过专业技术培训，服务周到，让消费者无后顾之忧，获得最佳保障。

2. 产品选购指南

（1）耐用

太阳能热水器的材料、技术、工艺不同，使用寿命也不一样，有使用 3 年、5 年的，也有能用十几年的。作为放在屋顶的热水供应设施，太阳能热水器的新旧丝毫不影响居室的美观程度，不用担心更新换代的问题。所以买的时候要考虑长远，性能、规格、功能都要想周全。不然的话，三年后太阳能热水器就出现不热了、功能落后了等问题。

（2）真空管真空度

真空度是真空管的重要指标之一，它关系到真空管的保温性能。优质真空管真空度达到 10^5 Pa，十几年后性能几乎不衰减。劣质真空管用作保温瓶胆的标准来做，真空度只有 $10 \sim 10^2$ Pa，三、五年后既不吸热也不保温。

（3）保温

优质贮热水箱采用全自动恒温高压定量发泡保温工艺，并经高温熟化处理，保温性能高且稳定持久。劣质保温层发泡不均匀，二三年后性能急剧下降。好的太阳能贮热水箱保温材料和先进的保温工艺，能确保良好的保温效果，一夜后热水温度下降少，隔夜照样有热水用。

（4）耐寒

冬季太阳光照弱，光照时间短，温度低、温差大，热水需求量更大，是考验太阳能的关键时期。以前的产品由于技术的局限，冬天、阴雨天好用的不多。现在随着干涉镀膜技术的发明，三高真空管的集热性能大大提高，再加上全自动恒温高压定量发泡保温工艺的应用（须经高温熟化处理）、周全严密的室外管道保温防冻措施，太阳能冬天、阴雨天能用、好用已经成为现实。其实，家庭对热水的需求在冬天更为明显，特别是天寒地冻的时候，有充足的、经济的热水是许多家庭的梦想，而这个梦想是完全可以实现的。挑选太阳能热水器的时候除了关注产品本身的集热性能、保温能力外，更要看其安装是否规范、服务是否完善。

（5）配件

太阳能热水器是一个供热水的系统，好的主机还需要好的辅机和配件配合使用才能达到良好的使用效果。太阳能热水器原装配件的质量应该是与主机相匹配的，不仅在使用效果与寿命上有保障，而且有问题也能得到及时有效的解决。

3. 选购步骤

目前市场上有大大小小上百种品牌的太阳能热水器，让人眼花缭乱，好坏无从分辨，消费者无从选择。为了挑选到质量优、售后服务好的太阳能热水器建议按照下面的步骤挑选：

（1）确定用水量

首先应明确用户常住人数、人均用热水量，然后算出一天的热水总量，再根据热水总量以及 $1m^2$ 太阳能集热器产热水能力 F（75~90kg/（天·m^2）），确定太阳能集热器面积 S（m^2）以及贮热水箱容量 V（m^3）。根据经验，用户人均用55℃的热水量可以参考以下参数：

1）花洒喷淋用水 80~100kg/（人·天），或每人配置 $1m^2$ 的太阳能集热器面积；

2）泡浴缸用水：30~500kg/（人·天）。

确定一天的用热水总量 P（kg），把 P（kg）$÷F$（kg）/m^2，即可得太阳能集热器面积 S（m^2），按每平方米太阳能集热器配 $0.1m^3$ 的贮热水箱容量的配比关系，可算出贮热水箱容量：

$$V = S \times 0.1 \tag{5-1}$$

太阳能热水器的造价与太阳能集热器的面积和贮热水箱容积有直接关系，接近于正比关系，从用户长远的、综合的利益角度考虑，适当选择大一点的太阳能集热器面积，对用户有利，因为初次多投资一点太阳能热水就充足一些，以后就更省运行费用。

（2）选择太阳能集热器及其他配件

太阳能热水器的面积大小确定后，就应选定太阳能集热器的类型。目前国内市场上用的太阳能集热器的类型主要有：平板式、真空管式、热管式、U形管式等四种，四种类型各有优缺点，没有一种是完美的、占有绝对优势的。用户选择太阳能集热器类型应根据安装所在地的气候特征以及所需热水温度、用途来选定。

对于广东、福建、海南、广西、云南等冬天不结冰的南方地区的用户，选取用平板式太阳能集热器是非常合适的，因为不需要考虑冬天抗冻的问题，而平板型太阳能集热器的缺点是不抗冻，所以在南方地区使用，该缺点不会表现出来，而平板型的优点却是非常突出的：热效率高，金属管板式结构、免维护、15年寿命、性价比高。

长江、黄河流域地区的用户，因为冬天会结冰，而且冬天气温高于−20℃，所以选用真空管太阳能集热器是比较合适的，既可以抗冻，性价比也比热管、U形管高，但是真空管的主要缺点是：不承压、易结水垢、易爆裂。

在东北三省、内蒙古、新疆、西藏地区的用户就必须选用热管型太阳能集热器，因为热管抗−40℃低温，平板式、真空管都是无法抵抗如此低温，但是热管的造价很高。

综上所述，不同类型的太阳能集热器没有绝对好、坏之分，重要的是要根据使用地区的气候特征和用途来选择最优性价比的类型，不要被某些厂家误导，多花冤枉钱。

太阳能热水系统中还会用到水管、贮热水箱、控制系统等配件，配件的性能也直接影响到整个系统的优越性。可以选择铜管、不锈钢管、铝塑复合管和PPR管而不要选择镀锌管作为水管，其中，铝塑复合管和PPR管性价比最高。

（3）选择太阳能热水器的仪表

可根据用户要求及实际情况选用合适的仪表。在北方，建议选用带防冻功能的仪表，以免冬天太阳能管道冻堵影响使用。还可根据用户家原有的洗浴设施及洗浴条件决定是否选用带电加热的仪表。一般情况下，建议至少选用含水温水位及自动上水的仪表，这样太阳能的含水量及水温一目了然。用自动上水功能，水满自动停水，避免了忘记关手动上水阀导致的水满溢出的情况。

（4）评价

评价太阳能热水器应重点评价以下五点：

1）供热水量是否够用？集热器面积、水箱容量是否够大？

2）辅助加热器的功率是否够大？原则上在阴雨天启动电辅助加热应在 3～5 小时内就完全满足用水要求。

3）如果用户的用水量、用水时间发生变化，该系统还能否满足用户的要求？（因为在实际使用中，用户的用水量、用水时间是经常会发生变化的。）

4）在各种天气状况下，在各种用水时间、用水量变化的情况下，是否达到了最大限度地利用了太阳能、最少地消耗常规能源，即是否最大程度地节能？

（5）尽量选择品牌

在品牌的选择上要舍"小"取"大"。品牌，是厂家对消费者的一种信誉担保，大品牌意味着更多、更可靠的保障。太阳能热水器的售后服务非常重要，因为太阳能热水器是耐用消费品，而且通常是安装在楼顶，一旦出了故障，用户很难自己解决，所以售后服务一定要有保障。

真正好的品牌很少需要上门售后服务，其上门售后服务费用支出也较低，厂家也较有信心把免费保修期定得较长，有 1 年的，有 2 年的，从这一点看，在一定程度上也可推测产品的优劣。

评价品牌的另一个重要标准就是公司历史的长短，最好选择历史较长的企业，历史长意味着该公司发展稳定，生存能力强，实力雄厚，技术领先，产品质量过硬，售后服务有保证。

根据以上四个步骤，就可以选择最合适的太阳能热水器产品和服务。

太阳能供暖技术 6

6.1 概　况

太阳能集热器在生活热水中的使用不断增加，证明了太阳能加热系统的成熟和可靠。受此启发，越来越多的人在考虑将太阳能用于冬季供暖。太阳能加热系统与蓄热装置的结合、建筑供暖能耗的不断下降以及低温辐射系统的普遍使用，使太阳能供暖系统的技术成熟度和经济性逐渐提高，使越来越多的人开始采用。

太阳能供暖在欧洲发达国家增长迅速，奥地利、丹麦、德国和瑞士等国的太阳能供暖系统已经占有很高的市场份额。欧洲到 2005 年共安装 1536 万 m² 太阳能集热器，供暖系统使用集热器约占总量的 20%，每年新建太阳能供暖系统约12 万个，可节约常规能源 20%～60%。根据欧盟委员会发布的《能源的未来：可再生能源》白皮书，到 2010 年，欧盟安装 1 亿 m² 的太阳能集热器，其中太阳能供暖系统占 1900 万 m²。

近年来，在北京等地相继建成了一些太阳能供暖项目，如北京清华阳光公司办公楼，北京太阳能研究所办公楼，北京平谷新农村村民住宅等。这些项目有些采用 U 形管式真空管集热器，有些采用热管式真空管集热器，有的则采用平板型集热器，系统设计各不相同，各有特点。

根据不同的气候情况，一些国家和地区将太阳能供热系统作为夏季生活热水的主系统、冬季供暖的辅助系统，另一些国家则将其作为全年供热的主系统，还有一些国家将其作为供热系统节能改造的途径或与其他可再生能源组合使用，作为减少常规能源使用、减排二氧化碳的一种手段。此外，各国对太阳能使用都采取了一定的鼓励政策。

由于太阳能的能量密度较低，要满足供暖要求，必须要求有较大的集热面积，而对于多层或高层建筑而言，由于太阳能供暖系统集热器的安装建设条件不足，在此类建筑中应用太阳能供暖系统受到限制，而农村住宅一般建筑容积率较低，没有明显遮挡，非常适宜太阳能供暖技术的推广应用。太阳能供暖系统不但可以实现供暖和供给生活热水，在经济性和节能性方面也颇具优势。

太阳能供暖系统的末端多采用地板辐射供暖，这是因为普通散热器在末端时对热媒温度要求较高（60℃以上），而太阳能集热系统在连续取热的情况下不易达到这样的水温要求。另外，以对流散热为主的散热器供暖效果不够理想，舒适性和卫生条件欠佳，而地板辐射供暖具有热舒适性、热稳定性好，清洁卫生的特点。在满足相同舒适度的条件下，地板辐射供暖室内空气温度可以比散热器供暖系统低 2～3℃，从而节省供暖能耗。地板辐射供暖系统所采用的热媒是低温热水，一般在 40℃以上即可，而太阳能集热器属中低温热源设备，低温热水的末端系统将使太阳能集热系统集热效率提高。图 6-1 为较典型的太阳能供暖系统示意图。

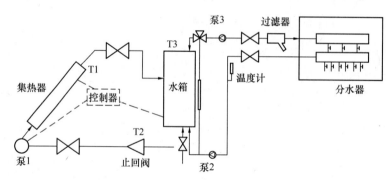

图 6-1　典型太阳能供暖系统

图 6-1 为较典型的太阳能供暖系统示意图。该系统主要由太阳能集热器、控制器、集热泵、贮热水箱、辅助热源、供回水管、止回阀若干、三通阀、过滤器、循环泵、温度计、分水器、加热器组成。

当阴雨天或是夜间太阳能供应不足时，可开启三通阀，利用辅助热源加热。当室温波动时，可根据以下几种情况进行调节：

（1）如果可利用太阳能，而建筑物不需要热量，则把集热器得到的能量加到贮热水箱中去；

（2）如果可利用太阳能，而建筑物需要热量，把从集热器得到的热量用于地板辐射供暖；

(3) 如果不可利用太阳能，建筑物需要热量，而贮热水箱中已储存足够的能量，则将储存的能量用于地板辐射供暖；

(4) 如果不可能利用太阳能，而建筑物又需要热量，且贮热水箱中的能量已经用尽，则打开三通阀，利用辅助能源对水进行加热，用于地板辐射供暖；

(5) 如果贮热水箱存储了足够的能量，但不需要供暖，集热器又可得到能量，集热器中得到的能量无法利用或存储，为节约能源，可以将热量供应生活用热水。

太阳能集热器的产水能力与太阳照射强度、连续日照时间及气温等密切相关。夏季产水能力强，大约是冬季的 4~6 倍，而夏季却不需要供暖，洗浴所需的热水也较冬季少。为了克服此矛盾，可以尝试把太阳能夏季生产的热水保温储存下来留在冬季及阴雨季节使用，这样不仅可以发挥太阳能供暖系统的最佳功能，而且还可以大大减少辅助热能的使用。在目前技术条件下，最佳的方案就是把夏季太阳能加热的热水就地回灌储存于地下含水岩层中。然而该技术还需进一步研究和探讨。

太阳能供暖系统与太阳能热水系统相比存在以下差异：

(1) 供暖需热量随季节温度变化很大

太阳能热水工程一般是全年使用，且重点是夏季使用，而太阳能供暖却只在冬季使用，这就造成二者在设计、安装上有很大的不同。

太阳能热水工程首先要考虑全年的使用，要全年的收益最大化，集热器的选择、安装要保证全年的使用效率；太阳能供暖只考虑冬季的使用效率。

(2) 系统供回水温度差较大

太阳能热水供水温度一般在 50~70℃ 间，低于 50℃ 则不具使用价值；太阳能供暖若采用地板辐射供暖，供水温度在 30~40℃ 间也可满足要求。

此外，太阳能集热量与供暖需热量之间还存在明显矛盾：太阳能辐射强度高的月份（4 月~10 月）不需要供暖，而需要供暖的月份（11 月至转年 3 月）太阳能辐射强度较低。有太阳能辐射的白天供暖需热量较低，而无辐射的夜晚却是供暖需热量最高的时段。由于太阳能供暖系统和热水系统存在以上差异，因此在供暖系统设计中不能简单地把热水系统放大，必须考虑以下几个方面：

（1）辅助能源

太阳能具有间歇性、密度低的特点，在冬季有可能出现连续几天甚至十几天的阴天。为了保证冬季供暖房间的连续性供暖，一般增设辅助热源。

常用的辅助热源有电辅助加热、热泵加热、燃煤或燃油、燃气及生物质供暖等。

（2）太阳能保证率

因为太阳能的不稳定性，在太阳能供暖系统中需要考虑太阳能保证率的问题，即太阳能所提供的热量占所需热量的百分比。在设计太阳能供热供暖工程时，必须首先确定太阳能保证率，以此确定太阳能集热器面积。住房与城乡建设部《太阳能供热供暖工程技术规范》GB 50495—2009 规定了不同地区的太阳能保证率见表 6-1。

不同地区太阳能保证率　　　　　　　　　　表 6-1

资源划区	短期蓄热系统太阳能保证率	季节蓄热系统太阳能保证率
Ⅰ 资源丰富区	≥50%	≥60%
Ⅱ 资源较丰富区	30%～50%	40%～60%
Ⅲ 资源一般区	10%～30%	20%～40%
Ⅳ 资源贫乏区	5%～10%	10%～20%

如何确定太阳能保证率，需要解决好节能性、技术性和经济性的关系。因为从节能角度来讲，太阳能保证率越高越好，但是在技术和经济上是否可行，仍然是需要考虑的问题。近年来，太阳能企业和个人用户都在进行太阳能供暖试验。为了达到基本用太阳能来供暖，他们加大了集热器的面积，集热器的面积与供暖面积之比达到 1∶2～1∶3，从而使太阳能的保证率在Ⅱ、Ⅲ类地区达到60%～80%。

（3）系统的防冻问题

冬季供暖地区如果室外温度低于 0℃，必须考虑室外防冻的问题。因为，冬季温度较低，普通走水的太阳能管道内因结冰而造成管道阀门等冻裂，造成较严重的经济损失。

系统防冻的方法包括集热器回路传热工质采用防冻液防冻、排空防冻系统、贮热水箱热水回流防冻、敷设电热带防冻等。

（4）系统的夏季过热问题

由于供暖系统集热器面积较大，所以在非供暖季节会出现太阳能得热量远大于供应热水所需要热量，即所谓夏季过热问题。如果设计不当，会造成系统温度高于系统部件工作允许温度，导致部件寿命缩短和连接件漏水，甚至会产生安全问题。解决系统过热的措施有：

1）集热器排空

也称为回流技术。在集热回路不运行时，水借助于本身的重力从倾斜的集热器和室外管路流回到贮热水箱，可以避免水的沸腾和局部高压。此技术操作简单维护费用低，但是需要在系统设计中采取特殊方法。当循环泵停止运转时，所有的水都必须向下流入贮热水箱的回流空间内。因此，从集热回路的顶部到贮热水箱的回流空间，每一根管路都必须向下倾斜。在集热器回路循环泵运转时，回流空间内充满空气；在循环泵停止运转后，集热器内的水在重力的作用下流到贮热水箱的回流空间，空气从回流空间进入集热器。当两根管路中的水平面相等时，或当集热回路排空时，此过程才停止，此时集热器和所有室外管路都充满空气。

2）集热器回路闷晒运行

"闷晒"是当传热介质没取走热量时太阳能集热器或系统的状态，又称为"滞止"。闷晒运行就是在太阳能加热系统的设计中采用一些方式保证其在闷晒状态下可以正常运行。目前，主要采取的方式有两类：其一是降低贮热水箱温度，阻止传热介质在集热器内沸腾；其二是缩短传热介质蒸气在集热器内停留时间。

3）设计散热系统，以保证系统在安全温度下运行

在太阳能热水系统长期处于过热状态时，应选取合适的散热设备安装到系统中。当集热水箱中的水温高于90℃（该温度可适当调整）时，启动散热设备进行降温。太阳能集热系统中应用的散热器主要有两种形式：散热器和冷却塔。

风冷式散热器（过热保护器）以串联形式安装在太阳能集热系统中，如图6-2所示。当水箱中的温度或太阳能集热器的温度超过各自的设定温度时，电磁阀打开，散热器（太阳能过热保护器）运行；当水箱的水温或集热系统中的温度低于设定温度时，关闭电磁阀。如此反复运行可保证系统的安全。

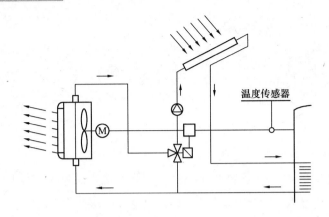

图 6-2　风冷式散热器连接示意图

　　冷却塔是利用水和空气的接触，通过蒸发作用来散去热量的一种设备。基本原理是：干燥（低热值）的空气经过风机的抽动后，自进风网处进入冷却塔内，饱和蒸汽分压力大的高温水分子向压力低的空气流动，湿热（高热值）的水自播水系统洒入塔内。当水滴和空气接触时，一方面由于空气与水的直接传热，另一方面由于水蒸气表面和空气之间存在压力差，在压力的作用下产生蒸发现象，将水中的热量带走即蒸发吸热，从而达到降温目的。采用冷却塔的过热保护方式和散热器的应用方式一样，将冷却塔串联在太阳能系统中，当需要散热降温时，冷却塔启动，不需要降温时，冷却塔停止工作。

　　（5）换热水箱问题

　　太阳能集热系统、热水系统和供暖系统对工作温度要求是不同的：太阳能集热系统的工作温度越低，热效率越高，因此系统设计中应尽量降低太阳能集热系统工作温度，太阳能供暖适宜采用低温地板辐射供暖系统，供水温度在 40℃ 左右为宜，生活热水供水温度为 50～60℃。为实现不同的供水温度要求，太阳能供暖系统一般采用垂直分层水箱。

　　垂直分层水箱工作原理是利用水在不同温度下的密度差，实现同一水箱可以产生不同的温度分区，即低温的水位于水箱底部，高温的水位于水箱上部时，可以相互不掺混。分层水箱下部布置与太阳能集热器相连的换热器；中部水温适合于供暖，与供暖系统相连；上部水温最高，布置生活热水换热装置。贮热水箱分层供水示意图如图 6-3 所示。

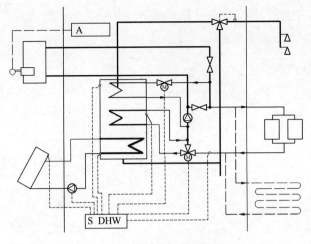

图 6-3　贮热水箱分层供水

6.2　太阳能供暖系统的组成

太阳能供暖系统是指以太阳能作为供暖系统的热源,结合辅助能源满足供暖需求的系统。太阳能供暖的集热系统在其他季节可以提供生活热水,从而大大提高了系统的利用率。太阳能供暖系统主要由太阳能集热器、换热蓄热装置、生活热水系统、控制系统、辅助能源加热设备、泵、连接管道和末端散热系统等组成。主要采用主动式太阳能供暖、被动式太阳能供暖(直接受益式、集热蓄热墙式、附加温室式、屋顶蓄热式、热虹吸式等)、户式太阳能组合热泵等。本章主要介绍主动式太阳能供暖系统。

太阳能供暖系统按集热系统运行方式可分为直接式与间接式两种。直接式是指在太阳能集热器中直接加热水供给用户供暖的系统如图 6-4 所示;间接式是指

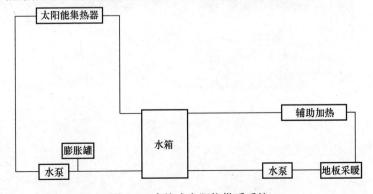

图 6-4　直接式太阳能供暖系统

在太阳能集热器中加热液体传热工质，再通过换热器由该种传热工质加热水供给用户供暖的系统，如图 6-5 所示。

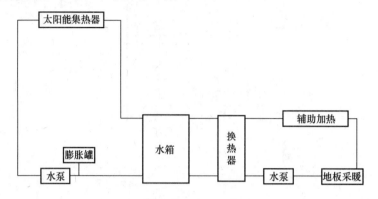

图 6-5   间接式太阳能供暖系统

6.2.1   太阳能集热器

影响太阳能供暖系统性能的重要部件是太阳能集热器。因此，推广应用的关键是太阳能集热器产品的质量。太阳能集热器的形式有平板集热器和真空管集热器两种供选择。目前国内太阳能热水器市场以真空管集热器为主（占我国市场份额的90%），但在太阳能供暖系统中，平板集热器由于本身的材质、结构、工作寿命等方面的优势及易与建筑结合的外观而更受设计人员青睐。太阳能集热器如图 6-6 所示。

图 6-6   太阳能集热器

为了最大限度地获取太阳能，集热器的位置应尽量与太阳直射方向垂直。由于季节不同，太阳高度角是变化的，冬季太阳高度角小于夏季太阳高度角，而太阳集热器的安装倾角一般是固定的，因此，作为冬季供暖系统使用的太阳集热器的倾角应大于考虑接受最多的全年太阳光照而布置的太阳集热器。

供暖用太阳能集热器的选择：

（1）在高寒地区，为了保证冬季集热器不被冻坏，宜选用空气集热器。

（2）偏远山区、小村庄，因维修不方便，宜选用空气集热器。因为空气集热器不易产生故障，即使出现小的泄漏，一般也不影响整个系统的正常运行。

（3）一般供暖地区为保证集热效率宜采用真空管集热器。

（4）使用普通散热器的用户，应采用聚光型真空管集热器，以提高供热温度，减少散热面积。

（5）在某些不太寒冷的供暖区，也可采用平板型集热器，但仍要注意防冻问题。

6.2.2　贮热水箱

蓄热也是太阳能热利用的关键问题，由于太阳能并非稳定供应，为满足阴雨天、夜间的供暖需求，需要由贮热水箱储存热能，稳定供应热能。贮热水箱一般依外形长宽比分为卧式与立式两种，通常以水作为蓄热介质。和电热水器的保温水箱一样，贮热水箱是储存热水的容器。因为太阳能集热器只能白天工作，而晚上的供暖需热量较大，且人们一般在晚上才大量使用热水，所以必须通过保温水箱把集热器在白天产出的热水储存起来。贮热水箱容积是每天夜晚供暖和生活热水用水量的总和（在比较寒冷的地区，因为集热器面积和贮热水箱容积的限制，往往需要辅助能源，即辅助电加热来满足总的用热量）。要求贮热水箱保温效果好，耐腐蚀，水质清洁，使用寿命可长达 20 年以上。需要承压的水箱要满足最高压力要求。贮热水箱一般用钢板或不锈钢板制作，用钢板制作时要做好防腐处理。图 6-7 为普通太阳能贮热水箱外形图。

图 6-7　太阳能贮热水箱

6.2.3 散热装置

散热装置是供暖系统的末端，是将热能有效导出并分散到所需之处的释放装置。主要的散热装置有散热器和地板辐射两种。

1. 散热器

传统的供热方式主要是散热器供暖，即将暖气片布置在建筑物的内墙上。散热器供水温度75℃左右，利用太阳能集热器来产生这样高的温度，集热效率非常低。若冬季太阳能供暖系统的集热温度为40℃左右，用这样的工作温度保持暖气片所需的热量，就要增加很多暖气片。

这种供暖方式存在以下几方面的不足：

（1）影响居住环境的美观程度，减少了室内空间；

（2）房间内的温度分布不均匀，靠近暖气片的地方温度高，远离暖气片的地方温度低；

（3）供热效率低；

（4）散热器供暖的主要散热方式是对流，这种方式容易造成室内环境的二次污染，不利于营造一个健康的居住环境；

（5）在竖直方向上，房间内的温度分布与人体需要的温度分布不一致，使人产生头暖脚凉的不舒适感觉，如图 6-8（a）所示。

2. 地板辐射

地板辐射可方便地与太阳能供暖系统配套使用。按照舒适条件的要求，地板

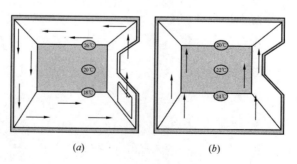

（a）   （b）

图 6-8 传统供暖方式与太阳能地板辐射供暖室内温度分布对比

（a）传统供暖；（b）太阳能地板辐射供暖

表面的温度在24~28℃的范围内即可，所以30~38℃左右的热水便可以加以利用，它是各种散热系统中要求温度最低的。

与传统供暖方式相比，太阳能地板辐射供暖技术主要具有以下几方面的优点：

（1）降低室内设计温度

采用太阳能地板辐射供暖时，室内平均辐射温度比室温高2~3℃，因此要得到与传统供暖方式同样的舒适效果，室内设计温度值可降低2~3℃。

（2）舒适性好

室温比较稳定，温度梯度小，形成真正符合人体散热要求的热环境，给人以脚暖头凉的舒适感，如图6-8（b）所示。

（3）适用范围广

解决了大跨度和矮窗式建筑物的供暖需求，尤其适用于公共建筑以及对供暖有特殊要求的厂房、医院、机场和畜牧场等。

（4）可实现分户计量

太阳能地板辐射供暖系统采用分、集水器与管路连接，在分水器前设置热量控制计量装置，可实现分户控制和热计量收费。

（5）卫生条件好

室内空气流速较小，平均为0.15m/s，可减少灰尘飞扬，减少墙壁面或空气的污染，消除了普通散热器积尘面挥发的异味。

（6）高效节能

供水温度为30~60℃，使利用太阳能成为可能，节约常规能源。

（7）扩大房间的有效使用面积

采用太阳能地板辐射供暖，管道全部在地面以下，只用一个分集水器进行控制，解决了过多占用室内面积的问题。

（8）使用寿命长

太阳能低温地板辐射供暖，塑料管埋入地板中，如无人为破坏，使用寿命在50年以上，不腐蚀、不结垢，节约维修和更换费用。

6.2.4　供热管道

供热管道将各种设备连接起来，形成一个完整的系统。设计合理、连接正确的供热管道对太阳能供暖系统是否能达到最佳工作状态至关重要。

供热管道的布置要考虑以下几点：

1. 与建筑具体情况协调

太阳能热水管线应与建筑一体化处理。建筑物在进行建筑设置时要了解管线的走向，把供热管路纳入到建筑设计当中来进行统一设计。热水管线在铺设时不得穿越其他用户的室内空间。太阳能供热管道应布置于公共空间，以免管线渗漏影响其他用户使用，同时也便于管线维修。

2. 各环路分布合理

管路的长度会影响系统的循环阻力和系统的成本。在太阳能管线设计时要保证各环路流量分布合理，从而保证集热器的集热效率。

3. 管径、坡度等合理

集热器循环管路管径的选择应按循环流量计算确定。集热循环管与太阳集热器及集热循环水箱的连接：上循环管应由太阳集热器出水端接至循环水箱的上部；下循环管应由循环水箱的底部引出接至太阳集热器的进水端。

集热循环管路应同程布置。上、下循环管（横管段）敷设时，应有不小于0.3%～0.5%的坡度。坡向应便于排除管内气体，在管路最高点应设自动排气阀。

在自然循环系统中，应使循环管路朝贮热水箱方向有向上坡度，不得有反坡。在有水回流的防冻系统中，管路的坡度应使系统中的水自动回流，不应积存。

6.2.5　辅助加热设施

由于太阳能受天气影响，具有很大的不确定性，为了保证太阳能热水系统可靠供应热水，系统必须设置其他辅助热源。辅助热源和换热设备设计选型涉及加热锅炉（或热泵）、换热器等，应因地制宜、经济适用。

辅助热源应根据当地条件，选择城市热网、电、煤、燃气、燃油、工业余热或生物质燃料等。在选择辅助热源时，应根据当地热源条件，优先选用热价低的辅助热源，同时还需考虑辅助热源设备操作的便利性、自控水平、设备安装要求以及设备投资等因素。

常用的辅助热源包括电辅助加热、热泵加热、燃煤或燃气燃油锅炉及生物质能供暖等。

电辅助直接加热具有设备简单、造价低、操作方便等优点，但耗电量大。只有在阳光足、日照时间长、辅助加热量较少且电力较充足的地区，才比较适合使用。

在我国太阳能资源一般的三类地区宜采用热泵作为辅助热源。此类地区太阳能资源不太好，若直接使用电加热，会消耗大量电能。热泵能效比在 2 以上，在相同热负荷的情况下，比直接电加热可节省用电 50%。

农村地区使用生物质能作为辅助能源比较适宜。柴草、作物秸秆都是农业生产的产物，获得非常方便且价格低廉。同时，生物质能易点燃、启动快，可随时配合太阳能供暖系统。当天气突然发生变化无阳光时，可立刻点燃燃柴锅炉供暖。

此外，柴油、煤油、煤气、煤炭和电暖风机等都可作为辅助供暖的能源。另外农村目前广为使用的火炕、火墙、炉、土暖气和做饭的余热等亦可作为辅助热源。

6.3 太阳能供暖系统的设计

6.3.1 建筑热负荷的组成及计算

在考虑控制室内热环境的时候，需要涉及热负荷的概念，下面我们就来说说热负荷的定义。

热负荷的定义是维持室内空气热湿参数为某恒定值时，在单位时间内需要向室内加入的热量，同样包括显热热负荷和潜热热负荷两部分。如果只考虑控制室内温度，则热负荷就只包括显热负荷。

在太阳能供暖系统中，热负荷主要包括供暖热负荷、通风换气热负荷、生活用水热负荷。

1. 供暖热负荷

在冬季某一室外温度下，为达到要求的室内温度，供热系统在单位时间内向建筑物供给的热量。供暖设计热负荷是指当室外温度为供暖室外计算温度时，为了达到上述所要求的室内温度，供热系统在单位时间内向建筑物供给的热量。

太阳能集热系统负担的供暖热负荷是在计算供暖期室外平均气温条件下的建筑物耗热量，由建筑物围护结构耗热量和空气渗透耗热量组成。

建筑物耗热量应按下式计算：

$$Q_H = Q_{HT} + Q_{INF} - Q_{IH} \qquad (6-1)$$

式中：Q_H——建筑物耗热量，W；

$\quad Q_{HT}$——通过维护结构的传热耗热量，W；

$\quad Q_{INF}$——空气渗透耗热量，W；

$\quad Q_{IH}$——建筑物内部得热量，W。

（1）维护结构耗热量

根据《供暖通风与空气调节设计规范》GB 50019—2003 规定，围护结构的耗热量包括基本耗热量和附加耗热量两部分。

1）围护结构的基本耗热量

围护结构的基本耗热量，应按下式计算：

$$Q = KF(t_n - t_{wn})a \qquad (6-2)$$

式中：Q——围护结构的基本耗热量，W；

$\quad F$——围护结构的面积，m^2；

$\quad K$——围护结构的传热系数，W/（$m^2 \cdot ℃$）；

$\quad t_{wn}$——供暖室外计算温度，℃，按 GB 50019—2003 第 3.2.1 条采用；

$\quad a$、t_n——与 GB 50019—2003 第 4.1.8 条相同。

2）围护结构的附加耗热量

围护结构的附加耗热量，应按其占基本耗热量的百分率确定。各项附加（或修正）百分率，宜按下列规定的数值选用：

①朝向修正率：

北、东北、西北　　　　　　　0%～－10%

东、西	-5%
东南、西南	$-10\%\sim-15\%$
南	$-15\%\sim-25\%$

应根据当地冬季日照率、辐射照度、建筑物使用和被遮挡等情况选用修正率。对于冬季日照率小于 35％的地区，东南、西南和南向修正率，宜采用－10％～0％，其他朝向可不加以修正。

②风力附加率：建筑在不避风的高地、河边、海岸、旷野上的建筑物，以及城镇、厂区内特别高出的建筑物，垂直的外围护结构附加 5％～10％。

③外门附加率：

当建筑物的楼层数为 n 时：

无门斗的双层外门	100n％
有门斗的双层外门	80n％
无门斗的单层外门	65n％

外门附加率，只适用于短时间开启的、无热空气幕的外门，阳台门不应计入外门附加。

④民用建筑（楼梯间除外）的高度附加率：

房间高度大于 4m 时，每高出 1m 应附加 2％，但总的附加率不应大于 15％。高度附加率应附加于围护结构的基本耗热量和其他附加耗热量上。

（2）冷风渗透耗热量

加热由门窗缝隙渗入室内的冷空气的耗热量，应根据建筑物的内部隔断、门窗构造、门窗朝向、室内外温度和室外风速等因素确定。

$$Q_{INF} = (t_n - t_{wn})(c_p \rho NV) \tag{6-3}$$

式中：Q_{INF}——空气渗透耗热量，W；

c_p——空气比热容，取 0.28W • h/(kg • ℃)；

ρ——供暖室外计算温度下的空气密度，kg/m³；

N——换气次数，次/h；

V——换气体积，m³/次；

t_n——供暖室内计算温度,℃，按 GB 50019—2003 规范 3.1.1 条选取；

t_{wn}——供暖室外计算温度,℃，按 GB 50019—2003 规范 3.1.1 条选取。

2. 通风换气热负荷

在某些民用建筑以及工厂车间中，经常排出污浊的空气，并引进室外新鲜空气。在供暖季节，为了加热新鲜空气而消耗的热量，称为通风热负荷。一般住宅只有排气通风，不采用有组织的进气通风，它的通风用热量包括在供暖热指标中，不另计算通风热负荷。通风热负荷可采用换气次数或通风热指标法估算。

3. 生活热水热负荷

日常生活用热水的用热量。一般根据用水人数、水温及用水定额估算。

热水日平均耗量 Q_w 应按下式计算：

$$Q_w = mq_r C_w \rho_w (t_r - t_1)/86400 \tag{6-4}$$

式中：Q_w——生活热水日平均耗热量，W；

　　　　m——用水计算单位数，人数或床位数；

　　　　q_r——热水用水定额，根据《建筑给水排水设计规范》GB 50015—2003，

　　　　　　　按热水最高日用水定额的下限取值，L/（人·d）或 L/（床·d）；

　　　　C_w——水的比热容，取 4187J/(kg·℃)；

　　　　ρ_w——热水密度，kg/L；

　　　　t_r——设计热水温度，℃；

　　　　t_1——设计冷水温度，℃。

6.3.2　集热器的设计

1. 集热面积的确定

太阳能集热系统能够获取的有效得热量主要受两个因素的影响，一是太阳能集热器本身的热性能质量，二是安装的太阳能集热器总面积。在相同的太阳能资源和气候条件下，为得到要求的得热量，热性能好的太阳能集热器需要安装的面积小，必须选择高效集热器，才能降低初投资，获取最大的投资收益比。为适应冬季供暖和三季供热水的要求，太阳能集热系统应是闭式循环系统，这就要求太阳能集热器应有较高的承压能力。

由于太阳能供热供暖系统要做到全年综合利用，系统负担的负荷有两类：供暖热负荷和热水负荷。为保证系统的运行效果，必须选用两者中较大的负荷作为

最后确定的系统负荷。太阳能是不稳定热源，所以系统负荷是由太阳能集热系统和辅助能源加热设备共同负担。

集热器设计热负荷的计算主要受设计热负荷影响外，还要考虑热泵机组的性能、当地太阳辐射、机组的运行工况、温度等对实际换热的影响，因为以上参数的改变最终都会影响到集热器的换热效果。

太阳能集热器面积按下式计算：

$$A'_c = A_c\left(1 + \frac{F_R \times U_L \times A_c}{U_{hx} \times A_{hx}}\right) \tag{6-5}$$

式中：A'_c——间接系统太阳能集热面积，m^2；

$\quad A_c$——直接系统太阳能集热面积，m^2；

$F_R U_L$——集热器总热损耗系数；$W/(m^2 \cdot K)$。对于平板集热器，可取 4～6$W/(m^2 \cdot K)$。对于真空管集热器，可取 2～3$W/(m^2 \cdot K)$。考虑集热器用于冬季供暖，取偏大值；具体数据应根据集热器产品的实测结果确定；

$\quad U_{hx}$——换热器传热系数，$W/(m^2 \cdot K)$；

$\quad A_{hx}$——换热器面积，m^2。

集热面积 A_c 可根据建筑物耗热量指标确定，按下式计算：

$$A_c = \frac{86400 \times q_H \times A_0 \times f}{J_T \times \eta_{cd} \times (1 - \eta_c)} \tag{6-6}$$

式中：q_H——供暖期建筑耗热量指标，W/m^2；

$\quad J_T$——北方寒冷地区供暖期集热器采光面上日平均太阳辐射量；$J/(m^2 \cdot d)$由有关资料查集热器采光面上日平均太阳辐照量；

$\quad A_0$——需要进行太阳能供暖的建筑面积，m^2；

$\quad f$——太阳能供暖保证率，按该地区资源划分进行选取，参考表 6-1；

$\quad \eta_{cd}$——集热器在地板供暖条件下的供暖期平均集热效率。根据经验取值 0.35～0.50，具体取值应根据集热器产品的实际测试结果而定；

$\quad \eta_c$——贮热水箱和管路的热损失率，取 0.2。

简单计算：根据经验 $A'_c = 1.1 A_c$。

注：如果考虑卫生热水需求，宜在计算结果基础上按每人增加 $1m^2$ 对集热面积进行修正。

确定太阳能集热器面积更为准确的方法，应在对太阳能热水系统进行热性能检测，得出了日热性能检测结果的基础上，再使用标准年的逐日太阳辐照量和平均环境温度，计算得出全年的单位面积逐日太阳能得热量，即年逐日单位面积太阳能产热水量。

2. 集热系统的流量设计

太阳能集热系统的流量应按照下式计算：

$$G_s = gA \tag{6-7}$$

式中：G_s——太阳能集热系统设计流量，m^3/h；

  g——太阳能集热器的单位面积流量，m^3/m^2；

  A——太阳能集热器的采光面积，m^2。

太阳能集热器的单位面积流量应根据太阳能集热器生产企业给出的数值确定。在没有企业提供相关技术参数的情况下，根据不同的系统，可以按表6-2给出的范围选取。

不同系统的太阳能集热器单位面积流量　　　　表 6-2

系统类型	太阳能集热器的单位面积流量（m^3/m^2）
大型集中太阳能供暖系统（集热器总面积大于100m^2）	0.021～0.06
小型独立户式太阳能供暖系统	0.024～0.036
板式换热器间接太阳能集热供暖系统	0.009～0.012
太阳能空气集热器供暖系统	36

3. 太阳能集热系统的防冻方法

在冬季室外温度可能低于0℃的地区，应进行太阳能集热系统的防冻处理。

（1）低温排空防冻

冬季系统低温探点达到设定警戒值时，可采用手动阀，也可采用具有防冻功能的温控系统控制温控电磁阀开启（或选用非电控温控阀），系统室外部分的水被排放或回流至贮热水箱内，实现系统防冻。

（2）直接系统的低温循环防冻

可将储水箱放在低于集热器的位置，冬季系统低温探点达到设定警戒值时，可采用具有防冻定温循环功能的温控系统，温控循环泵开启，系统向室外管路内送入热水推回凉水实现系统防冻，系统低温探测点超过设定警戒值时，温控循环泵关闭。在循环泵运行停止后，使集热器和循环管路中的水回流，也进行定温强迫循环防冻。

（3）电伴热带防冻

在集热器满足抗冻要求的条件下，可在保温层和管路之间加入发热元件，如自控温电热带等；冬季系统低温探点达到设定警戒值时，温控电伴热带输出，可通过管路设计，加热室外管路，只使循环管路中的水回流；实现防冻。也可采用其他安全可靠的方法。

（4）使用防冻工质

太阳能热水系统可设计为间接系统，在系统中使用防冻传热工质进行防冻。传热工质的凝固点应低于系统使用期内最低环境温度，其沸点应高于集热器的最高闷晒温度。

6.3.3 贮热水箱的设计

贮热水箱的有效容积，应按太阳能集热循环系统规模确定。宜按下列经验公式计算：

$$V = B_1 \times A_s \tag{6-8}$$

式中　V——贮热水箱有效容积，L；

　　　A_s——集热器总面积，m^2；

　　　B_1——集热器单位面积平均每日的产热水量，$L/(m^2 \cdot d)$；具体数据应根据当地日照条件、太阳集热器产品的实际测试结果而定。无实测资料时，可根据太阳能行业的经验数值选取：直接系统 $B_1 = 50 \sim 60 L/(m^2 \cdot d)$；间接系统 $B_1 = 40 \sim 50 L/(m^2 \cdot d)$。

整体式太阳集热器的贮热水箱的有效容积，应按用水标准及使用热水人数经计算确定。

各类太阳能供热供暖系统对应每平方米太阳能集热器采光面积的贮热水箱、水池容积范围可按表6-3选取，宜根据设计蓄热时间周期和蓄热量等参数计算确定。

各类系统贮热水箱的容积选择范围   表 6-3

系统类型	小型太阳能供热水系统	短期蓄热太阳能供热供暖系统	季节蓄热太阳能供热供暖系统
贮热水箱、水池容积范围（L/m³）	40～100	50～150	1400～2100

贮热水箱应设有保温层，布置在室内的可放置在地下室，储藏间、阁楼或技术夹层中的设备间，室外可放置在阳台上。设置贮热水箱的位置应具有相应的排水防水措施。放置在室外的贮热水箱应有防雨雪、防雷击等保护措施，以延长其运行寿命。上方及周围应留有不少于 600mm 的安装、检修空间。应尽量靠近太阳能集热器以缩短管线。在使用平板型集热器的自然循环系统中，系统是仅利用传热工质内部的温度梯度产生的密度差进行循环的，因此为了保证系统有足够的热虹吸压头，规定贮热水箱的下循环管比集热器的上循环管至少高 0.3m。

开式集热循环贮热水箱应设有通气口、溢流口、排污口，通气口位置不低于溢流口，排污口设置在水箱最低处，大于 3 吨的水箱应设置人孔，还需设置水位、水温指示及控制装置、进出水管、冷水补水管等；闭式集热循环水箱应设水温、水位指示及控制装置、进出水管、泄水管、自动排气阀及安全阀等。泄水管、溢流管不得与排水管道直接连接。

贮热水箱应采取相应防腐措施，满足防腐要求，保持水质清洁。材质可选用不锈钢或碳钢，水箱的材质不得影响水质。贮热水箱的进出水管的安装位置，不得产生水流短路；水箱进、出口处流速宜小于 0.04m/s，必要时宜采用水流分布器。箱内宜有保证水温均匀的措施。

设计地下水池季节蓄热系统的水池容量时，应校核计算蓄热水池内热水可能达到的最高温度；宜利用计算软件模拟系统的全年运行性能，进行计算预测。水池的最高水温应比水池工作压力对应的工质沸点温度低 5℃。

6.3.4 控制系统设计

太阳能供热供暖系统的自动控制主要包括太阳能集热系统的运行控制和安全防护控制、集热系统和辅助热源设备的工作切换控制。

供暖系统的控制主要是根据系统各部分的温度来控制水泵和阀门，包括以下几类：

（1）集热器回路控制：当集热器出水温度高于贮热水箱的换热器处水温时，开启集热器系统循环水泵，否则关闭；

（2）防冻控制：当集热器进水温度低于设定温度（如4℃），开启水泵进行温循环防冻或排空系统工质；

（3）防过热控制：当贮热水箱温度高于设定温度（如75℃），关闭集热器系统循环水泵使集热器系统进入闷晒运行或启用其他防过热措施。

1. 系统运行和设备工作切换的自动控制

（1）太阳能集热系统宜采用温差循环运行控制。

（2）变流量运行的太阳能集热系统，宜采用设置太阳辐照感应传感器（如光伏电池板等）或温度传感器的方式，应根据太阳辐照条件或温差变化控制变频泵改变系统流量，实现优化运行。

（3）太阳能集热系统和辅助热源加热设备的相互工作切换宜采用定温控制。应在贮热装置内的供热介质出口处设置温度传感器，当介质温度低于"设计供热温度"时，应通过控制器启动辅助热源加热设备工作，当介质温度高于"设计供热温度"时，辅助热源加热设备应停止工作。

2. 系统安全和防护的自动控制

（1）使用排空和排回防冻措施的直接和间接式太阳能集热系统宜采用定温控制。当太阳能集热系统出口水温低于设定的防冻执行温度时，通过控制器启闭相关阀门完全排空集热系统中的水或将水排回贮热水箱。

（2）使用循环防冻措施的直接式太阳能集热系统宜采用定温控制。当太阳能集热系统出口水温低于设定的防冻执行温度时，通过控制器启动循环泵进行防冻循环。

（3）水箱防过热温度传感器应设置在贮热水箱顶部，防过热执行温度应设定在80℃以内；系统防过热温度传感器应设置在集热系统出口，防过热执行温度的设定范围应与系统的运行工况和部件的耐热能力相匹配。

6.3.5　末端供暖系统的设计

液体工质集热器太阳能供热供暖系统可采用低温热水地板辐射盘管和散

热器。

1. 地板辐射供暖系统

低温地板辐射供暖方式较对流供暖方式热效率较高，在相同的舒适条件下，室内计算温度一般可以比对流方式低 2～4℃，总耗热量可减少 10%～30%。室温均匀，舒适感好。住宅不同区域或房间有不同供暖需求时，局部区域或房间的地板辐射供暖所需要的散热量可按全部辐射供暖所需要的散热量，乘以表 6-4 中的计算系数。

局部区域辐射供暖散热量的计算系数　　　　　　　　表 6-4

供暖区面积与房间总面积的比值	>0.80	0.55	0.40	0.25	<0.20
计算系数	1	0.72	0.54	0.38	0.30

地板辐射供暖系统的供、回水温度应由计算确定。民用建筑供水温度宜采用 35～50℃，不应超过 60℃，供、回水温差宜小于或等于 10℃。低温热水地面辐射供暖系统的工作压力，不宜大于 0.8MPa；建筑物高度超过 50m 时，宜竖向分区设置。

无论采用何种热源，低温热水地面辐射供暖热媒的温度、流量和资用压差等参数，都应和热源系统相匹配；同时热源系统应设置相应的控制装置，满足低温热水地面辐射供暖系统运行与调节的需要。

在住宅建筑中，低温热水地面辐射供暖系统应按户划分系统，配置分、集水器；户内的各主要房间宜分环路布置加热管。连接在同一分、集水器上的同一管径各环路加热管的长度宜尽量接近，并不宜超过 120m。

加热管的布置，应根据保证地面温度均匀的原则，选择采用螺旋型、往返型、直列型，如图 6-9 所示。加热管的敷设管间距，应根据地面散热量、室内空气设计温度、平均水温及地面传热热阻等通过计算确定。

加热管的选择，应按供暖系统实际设计压力和管材的许用设计环应力选用。加热管内水的流速不宜小于 0.25m/s。

2. 室内散热器

散热器计算面积可按照下式计算：

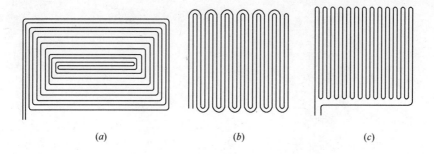

图 6-9 地板辐射供暖加热管基本布置形式

（*a*）螺旋型；（*b*）往返型；（*c*）直列型

$$A = \frac{Q}{K(t_{\mathrm{m}} - t_{\mathrm{r}})}\beta_1\beta_2\beta_3 \tag{6-9}$$

式中：A——散热器计算面积，m^2；

  Q——供暖设计热负荷，W；

  K——散热器传热系数，$\mathrm{W/(m^2 \cdot K)}$；

  β_1——散热器的片数修正系数；

  β_2——散热器的连接方式修正系数；

  β_3——散热器的安装形式修正系数；

  t_{m}——散热器的热媒平均温度,℃；

  t_{r}——室内空气温度,℃。

散热器的传热系数应较大，热工性能应满足供暖系统的要求。供暖系统下部各层散热器承受压力较大，所能承受的最大工作压力应大于供暖系统底层散热器的实际最大工作压力。

目前，普遍使用的散热器为铸铁散热器、钢制散热器及铝合金散热器。散热器的金属耗量和造价在供暖系统中所占比例较大，因此，在选择散热器时应考虑经济指标。散热器单位散热量的成本及金属耗量越低，其经济指标越好。安装费用越低，使用寿命越长，经济性越好。

散热器一般沿外墙、窗布置。根据建筑物的要求，可以明装或加罩安装，加罩安装后大多数情况下散热量将减少。

6.4 太阳能供暖系统的安装

6.4.1 集热系统的安装

1. 集热器的安装倾角

集热器的安装角对于集热器的得热量有较大影响，在太阳能供暖系统中，因太阳能集热主要功能是冬季供暖，故太阳集热器安装角度应大些。倾角适当加大可以使冬季集热器表面接受的太阳光照更多，有利于提高冬季集热器的太阳能得热量。

（1）冬季供暖用平板型太阳能集热器和竖排真空管集热器的安装角度

对于冬季供暖，这类太阳能集热器的安装角度应保证最需要太阳辐射的时刻有最佳的集热效果。太阳能集热器的安装角度可在当地纬度的基础上增加 $20°\sim23°$，以保证在最需要太阳辐射能的近 1/2 供暖期有最好的收集效果。同时，采用这样大的倾角可以减少夏季集热效率，可缓解夏季热量过剩问题。

（2）冬季供暖用横排真空管集热器的安装角度

由于横排真空管集热器中真空玻璃管间有间隙，太阳高度角在一定范围内变化不影响其集热面积，故其安装角度可以取当地纬度。

（3）全年使用太阳能集热器的安装角度

全年使用太阳能集热器必须兼顾四季的使用，所以，应按全年中午太阳高度角的平均值来安装。太阳能集热器与地面的夹角应等于当地纬度。

集热器的最佳方位角是朝正南或偏西约 $10°\sim15°$。太阳能集热器安装示意图如图 6-10 所示。

图中，α 是集热器的安装角度，全年使用的太阳能系统，集热器的安装角度＝当地的纬度；偏重夏季使用的太阳能系统，集热器的安装角度＝当地的纬度－$10°$；偏重冬季使用的太阳能系统，集热器的安装角度＝当地的纬度＋$10°$。

2. 集热器的安装间距

大面积太阳能集热系统采用阵列连接方式，为使集热器前后排不出现遮阳现象，两排集热器要有一定的距离，安装示意图如图 6-11 所示。集热器与遮光物

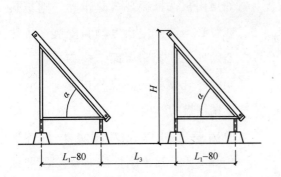
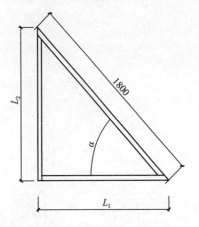

图 6-10　集热器安装示意图

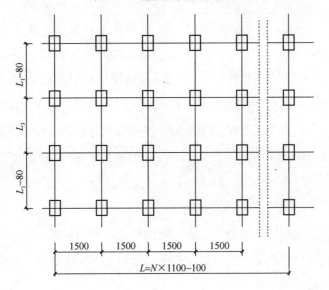

图 6-11　集热器布置示意图

或集热器前后排之间的最小距离可由下式计算：

$$L_3 = 280 + H \times \cot\alpha_s \qquad (6\text{-}10)$$

式中：H——遮光物最高点与集热器最低点的垂直距离，mm；

　　　α_s——计算时刻太阳高度角。

3. 平屋顶的安装

太阳能集热器在平屋顶安装时，要注意集热器的平面安装位置。应当尽量减少水平管路的长度，将集热器置于卫生间的上方。优点是此处的楼板为现浇混凝

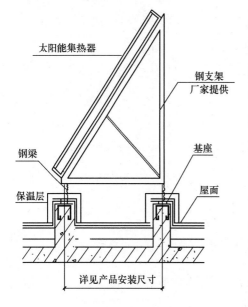

太阳能集热器

钢支架
厂家提供

钢梁

基座

保温层

屋面

详见产品安装尺寸

图 6-12   平屋顶安装示意图

土结构，有利于设置管路和固定支架。如果用户选择循环式热水器，则集热装置必须按一定角度倾斜安装，集热器须外加支架与屋面结构相连接。支架的冷轧钢板的厚度不应小于 2mm，不锈钢板的厚度不应小于 1.5mm。屋面构造上可以在柔性防水上另加 40mm 厚混凝土刚性防水层，预埋铁件与支架焊接或螺栓连接。如果用户选用了直流式热水器，则集热器可以直接水平安装在屋顶上方，减小风荷载，增加系统的安全性。而且，由于集热管和反射板的遮挡，使屋面的隔热作用有所加强，从而降低住宅顶层夏季室内温度，也使构造连接的热桥效应减至最小。调试时，安装人员根据当地的位置和自然地理情况旋转集热管，将吸热体的角度调整为最佳，就可以达到比较好的集热效率。安装示意图如图 6-12 所示。

4. 坡屋顶的安装

一般循环式太阳能集热器均需要一定的倾角，利用坡屋顶的结构坡度是很自然的。由于坡屋顶楼面下一般有吊顶空间，可以容纳横向管路，所以集热器的平面位置可以比较灵活。

在设计中，最好选择集热器与储水箱分离的热水系统，将储水箱置于吊顶内，可以减少屋面的荷载。在采用自然循环时，要求集热器不高于水箱水位；而采用强制循环则没有这种限制。另一方面，我国出现了质量分布比较均匀的水箱—集热器一体化太阳能热水器。屋脊式太阳能热水器克服了单管上下水不能 24 小时随时用热水及操作繁琐的缺点，上水无需任何操作，通常天气热水随开随用，结构独特，适合于人字形屋顶，重心低，安装极其方便、稳固。坡屋顶横管式太阳能热水器最适合坡屋顶平房或楼房，水箱外形像"饼干"一样平贴于斜屋面，克服了各种太阳能热水器重心高、在坡屋顶上安装困难等缺点，安全可靠，外形平整，成片安装整齐美观。其共同的特点是水箱与集热器结合在一起，降低了管路的造价。安装示意图如图 6-13 所示。

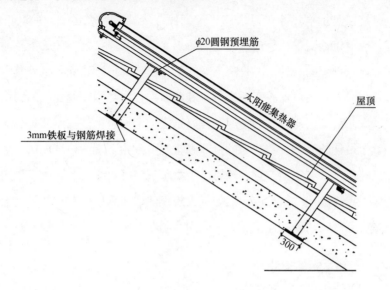

图 6-13 坡屋顶安装示意图

5. 墙面与阳台

在墙面或阳台安装太阳能集热器，可以减小管路的长度；对于高层住宅是其他安装方式不能替代的。而且其位置往往处于立面的视觉焦点，可以成为立面构成的重要因素，这也更加符合一体化设计的思想。因为与用水端没有足够的高差，所以在墙面或阳台安装的系统必须采用顶水式管路。而且同坡屋顶一样，应尽量选择集热器与储水箱分离的系统，可以减小坠落伤人的危险。根据使用情况的不同，构件连接可以分为固定式和活动式两种情况。

（1）固定式

固定式是指热水器在安装后用户不再移动其位置或角度。所以要求集热器在安装之初就能够达到比较好的效率，而且又不会造成立面的混乱或造成不安全因素。比较现实可行的方案是在竖直墙面上安装直流式横向集热管和在阳台倾斜栏板上安装热管式或平板式集热器。集热器可单独悬挂于建筑物向阳的阳台或外墙窗口下方，彻底解决高层建筑和低层住房想装却怕管道太长及屋顶无法安装等诸多难题。水箱置于阳台地面或室内墙角。管道基本不在室外，冬季不怕冻结。由于独特的聚光专利技术，以及消除集热器表面落灰的方便条件，冬季水温比屋顶式高得多。

（2）活动式

活动式连接是指集热器可以由用户控制而在支架滑轨上运动，使其可以贴于竖直墙面，也可以斜出以达到最佳的集热效果。活动式连接是循环式集热器常常采用的方式。比较理想的一种情况是将支架安装在窗户的上方，除支架外其余部分可以收起。使用时，将集热器放至适当位置和角度，在集热同时起到遮阳的作用，尤其适合夏季太阳高度角比较高的情况。在外挑支架上设有档位，可使集热器在不同季节分别处于最佳的倾角。集热器的打开和收起可利用下端的拉杆完成。缺点是由于集热器已经位于窗上过梁位置，该层已没有足够空间容纳水箱，所以采用自然循环时水箱必须置于其上一层户内。但如果大规模建造或采用强制循环，则上述不便也可以解决。此外，活动式连接还可以应用在阳台的竖直栏杆或栏板外侧。

6.4.2　贮热水箱的安装

太阳能供热供暖系统的贮热水箱是太阳能集热系统、辅助热源系统、生活热水供应系统和供暖系统的能量分配交换枢纽。贮热水箱的材质及内侧防腐涂层应能长期耐受贮存热水的最高温度，生活水箱应满足供应热水的水质卫生要求。钢板焊接的水箱壁面应按要求做防腐处理，内壁防腐涂料应卫生、无毒。

太阳能供热供暖系统的贮热水箱容积较大，贮热水箱中换热器、连接管较多，采取措施减少水箱的散热损失非常重要。为减少水箱的散热损失，应采取选用合适的保温材料并增加水箱保温层厚度等常规措施。此外，减少水箱的散热损失可以采用以下措施：

（1）把与水箱连接管接口布置在水箱底部

（2）避免管道热虹吸产生回路中的自然循环

太阳能供暖系统辅助热源、热水、供暖管线与水箱构成一个循环回路后，当水泵停止工作时，由于管道散热降温形成循环回路的工质密度差造成热的虹吸现象，导致循环回路的自然循环，贮热水箱中温度较高的水流到外面管道中，增加系统散热损失。避免局部回路管道热虹吸产生自然循环可以采取以下措施：①在回路中安装单向阀，或在水箱连接处设置 U 形弯头，弯头高度取 8～12 倍管径，如图 6-14 所示；②太阳能供暖系统辅助热源、热水、供暖回路的管线应尽量分开布置，避免共用同一管线。

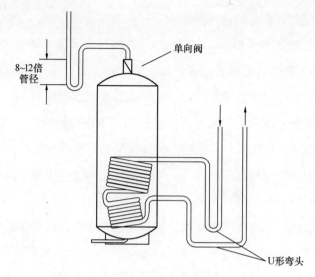

图 6-14　防热虹吸循环的管道连接方式

保持贮热水箱随高度的温度分层，可以利用一个水箱满足供暖、生活热水的不同温度供热需求，并降低贮热水箱本身的散热。避免破坏水箱温度分层的措施有：合理设置换热器；降低水箱进、出水管处的流速，流速宜小于 0.04m/s，可采取的技术方案包括增加水箱连接管的管径，或在进、出水口处设置导流装置等。

为防止贮热水箱漏水，应对水箱进行检漏。检漏后需对水箱进行保温处理，且应保证保温质量。为防止触电事故，对贮热水箱进行接地处理。为了确保安全，防止滑脱，贮热水箱安装位置应正确，并与底座固定牢靠。为了减小热损失，贮热水箱底应设置隔热垫。

6.4.3　循环管路的安装

太阳能管道安装应依据系统图或轴测图进行，工程图中很难标注准确尺寸，因此，对管道施工有一定的灵活性。为防止管道弯曲而造成"反坡"，应设置支托吊架。支托吊架要支承在可靠的结构上，间距要合理；结构形式要力求简单，便于施工；悬臂式支托吊架不宜太长，并应设置斜撑。系统管线穿过屋面、露台、卫生间时，应预埋防水套管。管道穿过建筑结构伸缩缝、抗震缝及沉降缝时，应按照国家规范采取防护措施。

太阳能供暖供热系统在过热状态时，平板集热器的最高工作温度可以达到 180～210℃，真空管集热器可以达到 200～300℃，闭式系统工作压力可达到 0.6MPa，此外工质会从集热器回流到膨胀罐，产生管路中工质脉动，形成管路 振动和噪音，对管线造成破坏作用，因此集热器及周围部件的连接方式必须能耐 受系统的最高工作温度和工作压力，管件连接不得使用缠麻等不耐高温的填料， 必要时可采用焊接方式；不得在集热器周围安装带有玻璃观察孔的流量计、控制 阀等，不得使用含有塑料部件的阀件。集热器排气阀也不能使用自动排气阀，以 防止过热状态时防冻液泄漏。

闭式太阳能供暖系统的膨胀罐选用应合理。在太阳能热水系统中，膨胀罐主 要容纳传热工质因温度上升造成的体积膨胀，而太阳能供暖系统在过热状态时， 集热器中工质会因高温沸腾，部分或全部工质会排出集热器，因此在膨胀罐容积 计算中除考虑因温度变化造成体积膨胀因素外，还必须考虑工质高温沸腾造成液 态工质从集热器排出因素。如果膨胀罐容积选用过小，会造成系统在过热状态时 压力过高，导致连接处泄漏，甚至会造成安全阀开启和防冻液外泄。系统防冻液 外泄后，造成系统不能正常工作。

膨胀罐安装应注意以下事项：

（1）膨胀罐一般与集热器进水管管线相连，膨胀罐与集热器之间不宜安装单 向阀，从而保证传热工质可方便回流到膨胀罐；

（2）为避免高温工质流入膨胀罐影响膨胀罐中橡胶隔膜寿命，膨胀罐与集热 器循环管线连接时可以接入不敷设保温层的散热管线，如散热能力较强的波纹 管等；

（3）膨胀罐安装方向应正 确，倒装膨胀罐可造成高温传 热工质将热量传递到膨胀罐， 影响膨胀罐中橡胶隔膜寿命， 并增加膨胀罐外表的散热损失。 膨胀罐正确和错误的安装方式 见图 6-15。

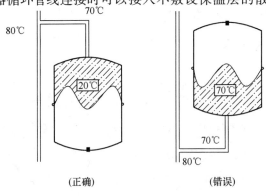

图 6-15　膨胀罐的安装方式

6.5　太阳能供暖系统的维护

6.5.1　局部散热器不热

局部散热器不热的原因大体有以下几种情况：

（1）阀门失灵。阀盘脱落在阀座内堵塞了热媒流动通道，这时可打开阀门压盖进行修理，或把失灵阀门更换掉。集气罐存气太多，阻塞管路，也会产生局部散热器不热的情况，这时应打开系统中所设置的放气附件，如集气罐上的排气阀，散热器上的手动放风门等。

（2）管路堵塞。出现这种故障，当送水时间较短时，可用手在管线转弯处与阀门前摸其温度，敲打听声。当送水时间过长，系统较大时，堵塞处前后出现死水段，靠手摸不容易确定堵塞位置，这时可用放水的方法查找，放水点可在不热段管道的中间依次向两端进展。放水时，如来水端热水继续往前延伸，说明堵塞点在此之后；再取余下管段中段进行放水，若发现来水段热水不继续向前延伸，说明堵塞点在第一次放水点与第二次放水点之间。当把堵塞点找出后，段开管子，将管内污物清除或把该管段更换。

（3）供暖系统管道坡度安装的不合理。管道坡度不合理会导致管道出现鼓肚，在其内部产生气塞，堵塞或减小了该管段的流通截面积，从而引起局部不热。这时应调整管段坡度，使其符合设计要求的坡度及坡向。

（4）管道反接。室内系统的送、回水管道与室外热网的送、回水相互接反，或全部在送（或回）水管上，室内系统不能形成一个循环环路。这时应认真查找，了解外网情况，将接错的管道改正过来。

6.5.2　热力失效

采用双管上分式供暖系统时，多层建筑上层散热器过热，下层散热器过冷。产生这种垂直热力失调的原因有两种可能。其一是通过上下层散热器的热媒流量相差较大。排除这种故障的方法是关小上层散热器支管上的阀门，以减少其热媒流量。其二是支管下端管段被氧化铁皮、水垢等堵塞，增加了该循环系统的阻力，破坏了系统各环路压力损失的平衡。对于这种情况应及时清除管段中的污物或更换支立管，减少阻力损失，恢复系统各环路间的压力损失平衡关系。

当多层建筑中采用下供式系统，出现下层散热器过热，上层散热器不热的情况时，原因可能是上层散热器中存有空气，应该检查散热器上的放气阀或管路上的排气阀，将空气排除；也有可能是系统缺水，应进行补水。

在同一系统中有几个并联环路时，有时会出现有的环路过热，有的环路不热的水平失调现象，这时，应调节个环路上的总控制阀门，使各环路间的压力损失接近平衡，从而消除各环路间冷热不均现象。

异程系统末端散热器不热，接近热力入口处散热器过热，也属于水平热力失调现象。产生这种现象的原因是前面阀门开大，各环路的作用压力与该环路本身所消耗的压力之差不平衡造成的。靠近主干线入口端的散热器内热媒所通过的路途短，压力损失小，有较大的剩余压力，环路中热媒流量就会偏大，从而超过实际所需要的值。远端散热器内热媒所通过的路途长，压力损失大，通过远端环路上的热媒流量就会减少。这时应关小系统入口端环路支立管上的阀门，同时打开末端集气罐上的放气阀或检查自动排气阀，排除系统中残留的空气。

6.5.3   系统回水温度过高

热用户入口装置处送回水管上的循环阀门没关闭或者关闭不严，此时应检查各入口装置，关严循环阀。系统热负荷小，循环水量大，提供的热量大，这时应调整总进、回水阀门，增加系统阻力，从而减少循环流量。锅炉供热能力过大，供暖系统的消耗量小，产生供回水温度过高，这时应控制送水温度上限。当送水温度达到一定值时，在锅炉房采取相应措施，如用停开鼓、引风机的方法处理。

6.5.4   系统回水温度过低

产生系统回水温度过低的原因大体有以下几种情况：

（1）热源所设置的锅炉不能供给足够热量，使送水温度达不到设计要求。这时应改造或增设锅炉，提高送水温度；

（2）循环水泵的流量小或扬程低，系统热媒循环慢，同时送回水温差大。这时应选用适当的循环泵更换原有水泵；

（3）室外管网漏水严重，锅炉房压力下降太快，锅炉补给水量远远超过正常需要，这时应对室外管网进行检查，找出泄漏点及时修理；

（4）外网热损失大，有时会成为回水温度过低的主要原因，引起热损失过大的因素是外网保温工程质量差，局部管道或者根本没保温，而且所选用的保温材料性能差。由于地沟盖板之间安装不严密，地面水流入地沟或地沟内管线泄漏使地沟内存有大量的水，送、回水管都被浸泡在水中，使地沟成为一个大型换热站，这时应加强室外管网保温及管理工作，及时排除地沟内积水；

（5）循环水量太小，此时应检查水泵是否反转，管线、孔板、阀门等是否堵塞或者阀门没全打开。应打开阀门，同时清除系统内的污物和沉渣。

6.5.5 其他故障及排除方法

送水温度忽高忽低，变化较大，会引起散热器及管道配件受热胀冷缩的影响而漏水，这时应采取相应措施，使锅炉供水温度保持稳定。

建筑物高度相差悬殊，系统中部分建筑在运行时超压使散热设备及配件损坏漏水，这时应提请技术部门根据各建筑物所要求的送水压力，在部分建筑物供暖入口装置处送水管上加装调压板，已装调压板的应重新选取调压板孔径，有条件的，可在低层建筑采取系统入口处装设自动泄压装置。

随着科学技术的进一步发展，热水供暖技术会不断提高、供暖设施会不断完善，从而给人们工作和生活场所提供一个舒适的环境，保证人体健康，促进我国现代化的发展。

6.6 太阳能供暖的展望

太阳能供暖是比较成熟可靠的技术，发达国家正在大力发展。相对欧洲太阳能供暖发达地区，我国大部分供暖地区太阳能资源更为丰富，更加适合推广太阳能供暖。

6.6.1 太阳能集中供热的特点

1. 安全可靠

太阳能集中供热系统，以太阳能为主要能源，辅以其他能源，稳定性好，自动化程度高，具有多重保护功能。

2. 环保节能

以太阳能作为主要能源，无公害、无污染，按每平方米每天产生 100kg/50℃的热水折算，每年可节约 750kg 标准煤。

3. 方便实用

太阳能供热系统，实现自动补水、自动辅助加热、自动循环，一经程序设定，自动运行可无人值守。

4. 适应性强

根据不同区域、不同建筑、不同用户需求"量身定制"，不但适用于宾馆酒店、住宅小区、医院、学校、游泳馆、沐浴中心以及工矿企业等一切需要提供热水的场所。

5. 使用寿命长，运行、维护费用低

太阳能集热器使用寿命长达 15 年以上，运行安全可靠、自动化程度高，可实现无人值守全智能控制。

6.6.2 我国太阳能供暖的发展趋势

不同地区的太阳能供暖保证率相差比较大，设计系统要因地制宜。设计太阳能供暖系统时，太阳能集热器等主要设备的性能对系统影响很大，必须按照检测数据对系统进行设计计算。太阳能供暖有显著的节能和环保效益，为使太阳能供暖更具经济性，在时机成熟时，政府应该出台相应的政策来鼓励太阳能供暖的发展。为推广太阳能供暖技术，应开展试点示范工作，对具体工程进行系统测试分析，总结出适合我国的具体经验。太阳能供暖的实施应纳入建筑工程体系，统一规划、统一设计、统一施工、统一验收、统一管理。

分户系统的集热器多布置在住宅建筑的屋面、墙面、遮阳、阳台栏板等部位。而今，一些可替代屋面、可与屋顶窗模数协调并组合在一起、可作为阳台栏板的集热板已出现，用户可选择的集热器将更便于在住宅建筑上安装，同时，随着太阳能与建筑整合设计观念的引入，集热器的安装与更换，将如同在计算机主板上插各种卡一样规范、便捷。集中式系统的大面积集热器一般会采取阵列形式布置在建筑屋面或室外空地上，还可以通过几个分开布置的集热器阵列，组成一个大的集热系统。

太阳能供热系统的贮热水箱，需根据供热负荷和系统类型进行配置。大的可超过一万立方米，实现长期跨季节蓄热，小的仅考虑当天或一周短期蓄热容量即可。当太阳能供热系统与原有市政供热设施相连时，也可以不设贮热水箱，直接进行循环。

目前，我国投入使用的住宅太阳能供热系统，多为仅提供生活热水的分户系统。大规模集中式太阳能供热系统，多用于学校、酒店、游泳池、宿舍。近几年来，以单栋、集合住宅等为供热基本单元的集中集热分户供热系统开始出现，但大规模集中式住宅区级太阳能供热系统的工程应用仍然处于空白，与国外相比，我国有待于在大规模集中式生活热水和供暖系统的集成和应用上尽早取得突破。

太阳能地板辐射供暖，是适应目前农村供暖要求的新型供暖方式。它的技术和设备条件都已经成熟，完全可以在我国西北、华北的广大农村地区推广，以满足农民对生活质量提高的要求。它的推广应用，必将为我国农村的能源建设起到积极的推进作用。我国太阳能集热器的研制也进入了相当快速的发展阶段。目前，广大农村地区，对于太阳能集热器本身已经认可，有些地区的太阳能热水器普及率已相当高，所有这些都为太阳能低温地板辐射供暖的推广创造了有利的条件。如果政府部门能制定相应的激励政策，同时给予一些必要的资金支持，太阳能低温地板辐射供暖技术，一定会在农村得到有效的推广。

被 动 式 太 阳 房

7

太阳房是利用太阳能进行供暖和空调的环保型生态建筑。根据是否利用机械的方式获取太阳能,太阳房分为被动式太阳房和主动式太阳房。被动式太阳房技术最早在法国发展起来,这种技术通过对建筑方位、建筑空间的合理布置以及对建筑材料和结构热工性能的优化,使建筑围护结构等在供暖季节最大限度吸收和储存热量。我国建筑能耗中供暖能耗占很大比例,而被动式太阳能技术投资少、见效快、可以节约大量的能源,因此在我国已经得到了广泛的应用。

被动式太阳房不需要水泵、风机等动力,而是通过房间南墙或玻璃窗直接接收太阳辐射能,并通过屋内墙壁、地板等物品,将太阳能吸收、储存起来,用于冬季供暖;同时在夏季又能遮蔽太阳能辐射,散逸室内热量,从而使建筑物降温,达到冬暖夏凉的目的。

7.1 被动式太阳房的原理与结构

7.1.1 被动式太阳房原理

被动式太阳房是依靠自身的建筑措施,直接利用太阳辐射能供暖的房屋。人们的日常生活能耗中,用于供暖和降温的能源占有相当大的比重。特别对广大气候寒冷或炎热的地区,供暖和降温的能耗就更大。被动式太阳房就是根据当地气象条件,在基本不添置附加设备的条件下,只能在建筑结构和材料性能上下功夫,使房屋达到一定供暖效果的系统。因此,移动式太阳房具有构造简单、造价便宜的特点。图 7-1 为被动式太阳房供暖系统图。将一道实墙外面涂成黑色,实墙外面再用一层或两层玻璃加以覆盖。墙体起到集热和贮热的效果。室内冷空气由墙体下部入口进入集热器,被加热后由上部出口进入室内进行供暖。无太阳能

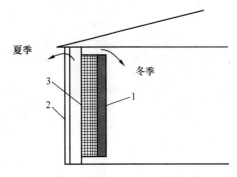

图 7-1 被动式太阳房供暖系统图

1—墙体；2—透明玻璃；3—吸热黑体

时，可将墙体上、下通道关闭，室内只靠墙体壁温以辐射和对流形式加热室内，进行供暖。

被动式太阳房的供暖系统分为三个阶段：

（1）集热：通过集热器收集太阳能。最简单的方法是尽量开大南向采光窗，减少并缩小北向窗，尽量不设东西窗。对于非窗口占用的南墙部位，增设空气集热器，以尽量充分利用向阳面的太阳辐射能。

（2）保温：采用双层门窗以减少向外散失的热量。围护结构采用导热系数小的材料，增加热阻，降低散热损失。将办公室、卧室等主要房间布置在朝阳的一侧，辅助房间布置在朝阴的一侧，可以保证太阳热能在有人居住的房间得到充分利用。

（3）蓄热：白天，当阳光穿过建筑物的南向玻璃窗进入室内后，墙壁和地板以及屋顶中的重质密实材料，如砖、土坯、混凝土和水等，吸收并储存太阳能；当夜晚室内温度降低后，储存在室内实体材料中的太阳能通过传导、对流、辐射等方式向室内提供热量，以维持室内的温度。

7.1.2 被动式太阳房分类

被动式太阳房按集热形式的不同可分为直接受益式、集热蓄热墙式、附加阳光间式、屋顶集热蓄热式、自然循环式。

1. 直接受益式

这是被动式太阳房中最简单的一种形式。冬季阳光在通过南向玻璃窗后，直接照射到蓄热能力较强的室内地板、墙面和家具上。这些材料日间吸收并存储大部分的热能，夜间释放到室内，使房间在晚上仍能维持一定的温度。由于南向窗户面积较大，这种形式的太阳房应配置保温窗帘，并具有良好的保温性能和密封性能以减少热量损失。窗户还应设置遮阳板，以遮挡夏季阳光进入室内，和防止室内在夏季时的过热现象。这是较早采用的一种太阳房，南立面是单层或多层玻璃直接接收太阳能，利用地板和侧墙蓄热。房间本身就是一个良好的蓄热体，白天，太阳能透过南向玻璃窗进入室内，地面和墙体吸收热量，表面温度升高，吸收的热量以对流的方式与室内空气进行热交换，另一部分与围护结构进行热交换，最后一部分热量由地板和墙体通过导热传入内部储存起来。到夜晚或阴天，室内温度开始下降时，储存的热量就会释放出来。这种结构的太阳房如图 7-2 所示。

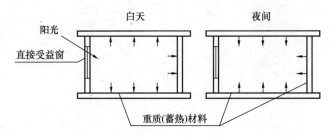

图 7-2 直接受益被动式太阳房示意图

2. 集热蓄热墙式

这种形式的被动式太阳房是内透光玻璃罩和蓄热墙体构成，中间留有空气层，墙体上下部位设有通向室内的风口。日间利用南向集热蓄热墙体吸收穿过玻璃罩的阳光，墙体会吸收并传入一定的热量，同时夹层内空气受热后成为热空气通过风口进入室内；夜间集热蓄热墙体的热量会逐渐传入室内。集热蓄热墙体的外表面涂成黑色或某种深色，以便有效地吸收阳光。为防止夜间热量散失，玻璃外侧应设置保温窗帘和保温板。集热蓄热墙体可分为实体式集热蓄热墙、花格式集热蓄热墙、水墙式集热蓄热墙、相变材料集热蓄热墙和快速集热墙等形式。集热蓄热墙的结构如图 7-3 所示。

除了采用直接的蓄热墙体外，还可以在被动式太阳房内设置一定数量的蓄热体达到蓄热的目的。它的主要作用是在有日照时吸收并储存一部分太阳辐射热；而当白天无日照时或在夜间向室内放出热量，以提高室内温度，从而降低室内温度的波动。蓄热体的构造和布置将直接影响集热效率和室内温度的稳定性。对蓄热体的要求是：蓄热成本低（包括蓄热材料及储存容器），单位容积（或重量）的蓄热量大，对储存容器无腐蚀或腐蚀小，容易吸热和放热，使用寿命长。

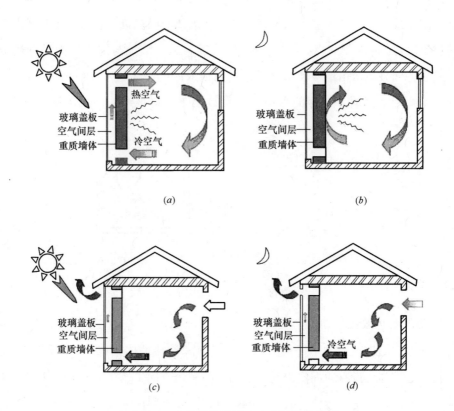

图 7-3 集热蓄热墙被动式太阳房示意图

（*a*）冬季白天；（*b*）冬季夜间；（*c*）夏季白天；（*d*）夏季夜间

3. 附加阳光间式

这种被动式太阳房是直接受益式和集热蓄热墙式两者的综合。在集热蓄热式的基础上，将玻璃与墙体之间的距离加宽，形成一个可以使用的附加阳光间。阳光间前部的工作原理与直接受益式相同，后部房间的供暖方式类似于集热蓄热墙式。图 7-4 为附加阳光间被动式太阳房工作原理图。

白天，太阳辐射透过玻璃照射到房屋主体的集热蓄热墙上。由于温室效应，在一天的所有时间里，附加阳光间内的温度总比室外温度高。白天，当阳光间温度高时，打开通风口向房间供热；夜间关闭通风口，同时阳光间起到隔热和缓冲作用，使主体房间的温度下降缓慢。

4. 屋顶集热蓄热式

将屋顶做成一个浅池式集热器，在这种设计中，屋顶不设保温层，只起承重和围护作用，池顶装一个能推拉开关的保温盖板，系统图如图7-5所示。冬季白天打开保温板，让水充分吸收太阳的辐射热；晚间关上保温板，水的热容大，可以贮存较多的热量。水中的热量大部分从屋顶辐射到房间内，少量从顶棚到下面房间进行对流散热以满足晚上室内供暖的需要。夏季白天把保温盖板盖好，以隔断阳光的直射，由前一天暴露在夜间，较凉爽的水吸收下面室内的热量，使室温下降；晚间，打开保温盖板，借助自然对流向凉爽的夜空进行辐射，冷却池内的水，又为次日白天吸收下面室内的热量做好了

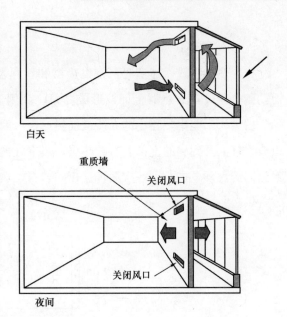

图 7-4　附加阳光间被动式太阳房示意图

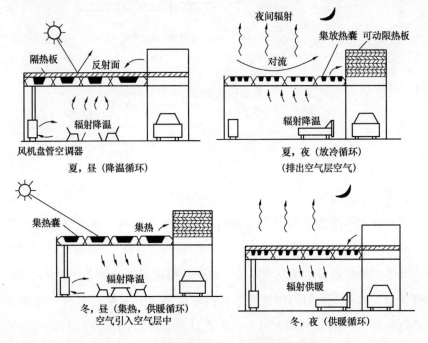

图 7-5　屋顶集热蓄热被动式太阳房示意图

准备。

5. 自然循环式

称为热虹吸式，建造时，将集热器和蓄热器分开设置。集热器低于房屋地面，蓄热器设在集热器上面，形成高差，利用流体的热对流循环，如图 7-6 所示。白天太阳能集热器中的介质被加热后，借助温差产生的热虹吸作用，通过风道或水管上升到它的上部岩石贮热层，热空气被岩石堆吸收热量而变冷，再流回集热器的底部，进行下一次循环。夜间岩石贮热层通过送风口向供暖房间以对流方式供暖。

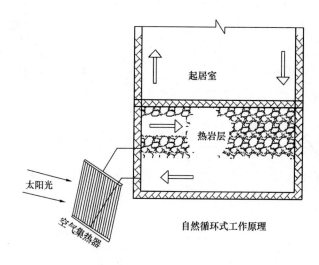

图 7-6   自然循环式被动式太阳房示意图

7.2   被动式太阳房的设计

被动式太阳房设计是通过建筑朝向和周围环境的合理布置、内部空间和外部形体的巧妙处理以及建筑材料和结构的恰当选择，使其在冬季能集热、储存热量，从而解决建筑物的供暖问题。被动式设计应用范围广、造价低，可以在增加少许或几乎不增加投资的情况下完成，在中小型建筑或者住宅中最为常见。美国能源部指出，被动式太阳能建筑的能耗比常规建筑的能耗低 47%，比相对较旧的常规建筑低 50%。被动式太阳能建筑设计的基本思路是控制阳光和空气在恰当的时间进入建筑并储存和分布热空气。设计原则是要有有效的绝热外壳和足够大的集热表面，室内布置尽可能多的蓄热体，以及主次房间的平面位置合理。

7.2.1 太阳房的设计要求

通过对建筑朝向的合理布置，以及对建筑保温等细节问题，诸如热桥的充分考虑，太阳房的设计就是要最大限度地降低建筑物对外部能源的依赖。一座太阳房的设计应该始终贯穿这一原则，同时特别留意如下一些设计要点：

（1）对将要修建太阳房的区域气候有足够的了解和认识，清楚制约和影响太阳房设计的自然条件，如地处因素和气象因素。

（2）对围护结构等各个建筑单元良好保温，以此降低建筑对能耗的需求。

（3）夏季外遮阳的设计与运用，降低太阳房夏季过热的影响。

（4）屋顶和墙体的传热系数不要超过 $0.5W/(m^2 \cdot K)$。

（5）尽量降低窗户的热损失，至少采用两层，如双层窗，严寒地区可以考虑使用三层玻璃窗。

（6）在建筑南立面布置集热器，合理布局建筑的朝向，通常是坐北朝南的格局；同时应尽量降低或避免供暖房的集热南立面受到其他建筑物的遮挡等影响。

（7）将集热器和其他蓄热体，如砖、砾石等与建筑结合，达到和谐统一效果。

（8）通过各种技术手段对建筑中的废水、余热进行再利用。

（9）优化建筑体积与外表面积比，最大化建筑空间的同时尽量降低建筑外部裸露面积。

（10）利用土壤的蓄热能力，将地下室蓄热方案加入到太阳房的设计要素中。

研究表明采用这些设计原则和其他相关措施，一个特定起居室的能量消耗将会比原来减少 50%。

7.2.2 太阳房的热工计算

根据当地的气象资料和房屋建筑的地理条件，计算可能提供的集热量，再根据热负荷大小的计算确定太阳能供给率，最后，再按照热负荷的要求，选定合适的热系统、蓄热方式和辅助热源等。

1. 太阳能供给率

在气象资料中全年和逐月的平均太阳日照量，是太阳房设计最原始最重要的数据。太阳能的供给量与很多因素成复杂函数关系。太阳能供给率，简单地说，就是所规定的某一时段内，太阳能为太阳房的总热负荷所可能提供的能量百分数。即：

太阳能供给率＝太阳能可提供的能量/总热负荷

不同构造的太阳房，其太阳能供给率不一样。大体上可以根据热系统中是否采用集热器来分别进行估算。

（1）不采用集热器的热系统

这种热系统通常用于被动式太阳房，由集热墙和直接受益窗收集太阳能，一般都具有一定的蓄热作用。这是最简单的供热系统，昼夜温差较大，必须配备辅助热源，例如火炉、火炕、土暖气等。这时，太阳能供给率 δ_s 可用下式来估算：

$$\delta_s = \frac{I(A_D + \eta_w A_w)}{Q} \tag{7-1}$$

式中：A_D——直接受益窗的面积，m^2；

A_w——集热墙的面积，m^2；

I——日累计太阳辐射量，$W/(m^2 \cdot d)$；

η_w——吸热墙的效率；

Q——太阳房总热负荷，W。

（2）采用集热器的热系统

这种系统的太阳能供给率主要取决于系统中集热器的面积和系统中的蓄热量，与集热器的安装倾斜角也有一定的关系，但影响不大。其太阳的供给率 δ_s 可用下式估算：

$$\delta_s = \frac{I(A_D + \eta A_C)}{Q} \tag{7-2}$$

式中：A_D——直接受益南窗的面积，m^2；

A_C——集热器面积，m^2；

I——日累计太阳辐射量，$W/(m^2 \cdot d)$；

η——集热器效率；

Q——太阳房总热负荷，W。

2. 太阳房热负荷计算

（1）获得设计气象数据。

（2）施工图以及建筑空间体积的确定，确保最大建筑空间的同时保证最小的外部裸露面积。设定南向最大的开口，决定集热器的最优位置，以及选择最佳保温材料。

（3）计算太阳房的热损失。

最重要的热损失包括建筑体表损失和通风热损失。

利用"度日数"（Degree-Day）和室外设计温度决定月平均热负荷，即：

$$度日数×建筑外表面积×传热系数＝热负荷 \tag{7-3}$$

为了计算太阳房在外界环境不断变化的情况下维持设计温度需要的总耗热量，这里引入了"度日数"的概念。维持设计温度时需要的热量应该等于从太阳房围护结构散失到外界环境的热量。通过选择一个室外平均气温的基准值（OAT）来决定是否需要供暖，如 12℃。当外界平均气温低于 OAT 时供暖开始，当外界平均气温高于 OAT 时供暖结束。

"供暖期"（Heating Date）定义为外界环境温度低于设定基准值 OAT 的天数。

$$q = K × S × \Delta T × t \tag{7-4}$$

式中：q——热损失，kJ；

　　K——墙体的导热系数，W/(m² · K)；

　　S——表面积，m²；

　　ΔT——供暖期内室内空气温度与室外空气温度之差，℃；

　　t——供暖期时间，s。

如果方程（7-4）中时间按供暖期 HT 计算，然后得到热损失，那么一个供暖期的供热量为：

$$Q = K × S × \sum_{0}^{HT} (t_i - t_a) \tag{7-5}$$

式中：Q——供暖期供热量，kJ；

　　t_i——室内空气温度，℃；

t_a——室外平均气温，℃。

（4）计算热水供应所需要的月平均能量消耗（可以按照每天从 10℃加热 200 升水到 60℃需要 $1.18 \times 10^6 \sim 1.3 \times 10^6$ 千焦/月来估算）。

（5）能量清单的绘制。确定有效热收益的数量，比如，总共投射到集热器表面的辐照量；透过南向玻璃窗的得热；室内人员得热（大约 0.55×10^6 千焦/月）；厨房烹饪的热量（大约 0.5×10^6 千焦/月）；照明得热（大约 0.34×10^6 千焦/月）；其他诸如热泵，电器设备发热等。

（6）决定集热器的采光面积，以及热储存的容量，如水箱的大小等。

3. 太阳房建造选址

在设计太阳房之前，首先要确定它的位置。在冬季，大约 90% 的太阳能量是在上午 9 点到下午 3 点（太阳时）这段时间内得到的。如果周围环境中有诸如建筑物、大树等物体在这段时间内遮挡阳光，就会严重地影响作为热源的太阳能的利用。建筑物的形状和方位，尤其是开窗的方位对建筑物的全年耗能有重大影响，这是因为在建筑物各个朝向上接收到的日照量并不相同。在建筑物不同朝向的垂直面上的逐时日照量可用式（7-6）计算：

$$I_\theta = I_{DE} \times \cos i / \sin h + I_{aH} \times 1/2 \qquad (7\text{-}6)$$

$$\cos i = \cos\delta\sin\omega\sin\gamma + \sin\phi\cos\delta\cos\omega\cos\gamma - \cos\gamma\sin\delta\cos\phi$$

$$\sin h = \sin\phi\sin\delta + \cos\phi\cos\delta\cos\omega$$

式中：I_θ——垂直面上的小时日照量；

I_{DE}，I_{aH}——水平面上的小时直射日照量和小时散射日照量；

　　　i——阳光在垂直面上的入射角；

　　　h——太阳高度角；

　　　δ——太阳赤纬角；

　　　ω——太阳时角；

　　　γ——垂直面的方位角，即该面的法线在水平面上的投影与子午线的夹角。自南向算起，偏西为正，偏东为负；

　　　ϕ——当地纬度。

在选择太阳房的建造位置时，要避免周围地形、地物（包括附近建筑物）对建筑南向及其东、西 15°朝向范围内在冬季的遮阳。建筑间距要求在当地冬至日中午 12 点时，太阳房南面遮挡物的阴影不得投射到太阳房的窗户上。另外，还应避开附近污染源对集热部件透光面的污染，避免将太阳房设在附近污染源的下风向。

太阳房平面布置及其集热面应朝正南。因周围地形的限制和使用习惯，允许偏离正南向 ±15° 以内，校舍、办公用房等以白天使用为主的建筑一般只允许南偏东 15° 以内。为兼顾冬季供暖和防止夏季过热，集热面的倾角以 90° 为佳。

避免建筑物本身突出物（挑檐、突出外墙外表面的立柱等）在最冷的 1 月份对集热面的遮挡。对设在夏热地区的太阳房还要兼顾夏季的遮阳要求，尽量减少夏季太阳光射入房内。

4. 太阳房日照间距

为了保证太阳房的太阳能集热部件不被其前方建筑物遮挡，必须使太阳房与其前方建筑物之间留有一定的距离，此间距称为太阳房的日照间距。

取冬至日作为计算日，只要保证在冬至日的日照时间内太阳房不被其前方的建筑物遮挡，则冬季其他日期的日照时间均大于冬至日的日照时间。

两栋房屋之间的日照间距满足下式：

$$D_0 = H_0 \cos\gamma_q / \tan h_q = \eta_q H_0 \tag{7-7}$$

式中：D_0——两栋房屋之间的日照间距，m。当前栋建筑物有挑檐时，计算后的

　　　　　D_0 应加挑檐长度；

　　H_0——前栋建筑物的遮挡高度，m；

　　γ_q——冬至日 9 时太阳光线方向与房屋南墙面法线之间的夹角；

　　h_q——冬至日 9 时太阳高度角，是太阳光线与水平面之间的夹角；

　　η_q——冬至日 9 时日照间距系数。

5. 太阳房建筑设计

（1）太阳房的层高

对于采用一定通风换气措施的住宅，层高可采用 2~8m，由于太阳房的密封性能较好，净高以不低于 2.8m 为宜。对于人员较多的公共建筑，如学校、幼儿园等，层高应适当加大。

（2）太阳房的进深

当太阳房层高一定时，建筑的进深过分加大则整栋建筑的节能率会降低，因

此，建筑进深在满足使用的条件下不宜太大。当建筑进深不超过层高的 2.5 倍时，可以获得比较满意的节能率。

（3）太阳房的体形

太阳房的体形首先应对阳光不产生自身遮挡，其次在层高和建筑面积一定的情况下，太阳房的体形以正方形或接近正方形的矩形为宜。立面应简单，避免立面上的凹凸造成建筑的自身遮挡和外围护结构面积的加大。

（4）太阳房的层数

从节能的角度来看，对于独立住宅，3 开间以做成 1 层为宜，4 开间以上的以做成 2 层为宜。对于单元式住宅则以联排 3 单元 5～6 层节能效果较好。

6. 太阳房墙体设计

（1）墙体的保温设计

被动式太阳房的墙体一般采用两种复合保温墙体，一种是夹芯复合保温墙体，一种是外墙保温复合保温墙体。

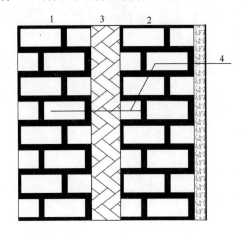

图 7-7　夹芯复合保温墙体

1—外墙；2—内墙；3—保温层；4—拉结钢筋

1）夹芯复合保温墙体

如图 7-7 所示，夹芯复合保温墙体通常做成里外两层墙体中间为保温材料。里层墙体为承重墙，中间为保温材料，外侧为保护墙，里外两墙体用拉结筋拉在一起，形成一个整体。

将承重墙放在内部一方面可以储存较多的热量，利于保持室内温度，另一方面有利于建筑结构，使承重墙没有承受冻融循环，保证墙体的承载力。

应注意这种方法在墙体中容易出现热桥问题。如门窗过梁、墙体接头和转角处等保温性能比主体差，热量容易从这些地方传递出去。为了避免热桥部位出现结露现象，可做局部保温处理。

2）外墙保温复合保温墙体

在墙体建成后，在其外侧粘贴聚苯乙烯泡沫板，然后挂钢丝网抹水泥砂浆保护层。外保温不会有热桥产生，保温性能好，温度波动小。但施工难度较大，耐久性差。

（2）实体集热蓄热墙设计

实体集热蓄热墙如图 7-8 所示。集热蓄热墙由墙体、进风出风口、玻璃盖层及墙面涂层四部分组成。

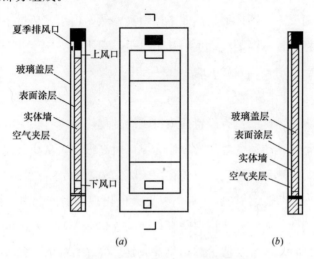

图 7-8　实体墙式集热蓄热墙

(a) 有风口；(b) 无风口

集热蓄热墙收集太阳能的能力大小可用集热效率 η 表示：

$$\eta = \frac{\text{集热蓄热墙的供热量}}{\text{玻璃盖层表面接受的辐照量}} \times 100\% \qquad (7\text{-}8)$$

当集热蓄热墙盖层玻璃的光学性能一定时，其集热效率和墙体的材料及厚度、风口的设置、盖层玻璃层数、夜间有无保温板、墙体表面涂层性质有关。

1）墙体材料及厚度

实体墙式集热蓄热墙的材料应具有较大的体积热容量及导热系数。由于建筑材料的比热容差别不大，因此材料的体积热容量就与材料的密度有关。密度大的重型材料，其体积热容量也越大，这样墙体就应采用重型导热系数大的材料。建筑上常用的砖墙、混凝土墙、土坯墙等都适宜做实体墙式集热蓄热墙。

在条件一定的情况下，集热蓄热墙墙体的厚度对其集热效率、蓄热量、墙体内表面的最高温度及其出现的时间有直接的影响。白天有日照时，不同厚度的集热蓄热墙体外表面的温差很小，因此夹层空气向室内的对流供热量基本相同，然而通过墙体传导进入室内的热量则与墙体厚度有关。墙体越厚，蓄热量越大，温度波通过墙体的衰减及时间延迟越大。墙体所蓄存的热量在无太阳照射的夜晚将放出储存的热量，除继续向室内供热外，相当一部分将损失掉，储存的热量越多，相对的来说损失得也多。因此传导进入室内的热量小；集热蓄热墙的集热效率低。墙体薄则反之。墙体薄集热效率虽增高，然而由于蓄热量小，温度波幅的延迟时间短，将导致室温的波动大。推荐采用以下厚度：土坯墙 200～300mm；砖墙 240mm 或 370mm；混凝土墙 300～400mm。

2）通风口的设置与大小

实体墙式集热蓄热墙是否设置通风口，对其集热效率有很大的影响。有通风口的实体墙式集热蓄热墙的集热效率比无风口时高很多。从全天向室内供热的情况看。有风口时供热量的最大值出现在白天太阳辐射最大的时候（一般为太阳正午时）；无风口时，最大值滞后于有辐射最大值出现的时间。滞后的时间与墙体的厚度有关。因此是否设置风口需结合当地的气象条件及太阳能的集热措施进行综合考虑。对于较温暖地区或太阳辐射资源好、气温日较差大的地区，通过直接受益窗，白天有日照时室内已有足够的热量。采用无风口集热蓄热墙既可避免白天房间过热，又可提高夜间室温，减小室温的波动。对于寒冷地区，利用有风口的集热蓄热墙，其集热效率高，补热量少，可以更多地节能。

风口的大小对集热蓄热墙的集热效率有影响，当空气夹层的宽度为 30～150mm 时其集热效率可随风口面积与空气夹层的横断面积比值的增加略有增加，因此从集热效率的角度看，合适的面积比为 0.8～1.0。当强调集热蓄热墙的蓄热以减小室温的波动时，可减小风口与夹层横断面的面积比，集热蓄热墙的集热效率也就比较低。直至风口面积为 0（无风口集热蓄热墙），此时集热效率最低，室温波动最小。

3）玻璃层数

从照射至墙体表面的太阳辐射来看，玻璃层数越少，透过玻璃的太阳辐射越多；从集热蓄热墙的热损失来看，玻璃层数多热损失少，因此玻璃的层数不宜大于三层。结合经济分析，我国以 1～2 层为宜。较寒冷地区采用两层，温暖地区可采用单层。

夜间在集热蓄热墙外加设保温板，可有效减少热损失，提高集热效率。单层玻璃加夜间保温板的集热蓄热墙，其集热效率与双层玻璃相差很少。但保温板的使用管理很不方便，保温板的密封也难以达到理想的要求。保温板的价格则高于一层玻璃。因此，推荐采用双层玻璃，尽量少采用一层玻璃加保温板的做法。

4）墙体外表面的涂层

涂层应采用吸收系数高的深色无光涂层，如黑色、墨绿色等。

选用选择性涂料可明显地提高集热蓄热墙的集热效率，但目前价格较高。只有在进行了技术经济分析，合算的情况下才能使用。

7. 太阳房窗、门设计

（1）窗的设计

窗在被动式太阳房的设计中具有重要的作用。一方面通过南向窗直接接收太阳辐射能形成温室效应；另一方面室内热量又通过窗口损失掉。因此，在窗的设计上既要增加对阳光的收集量，又要注意保温性能从而减少热损失。

为了增加阳光的收集量，首先应正确选择窗户的朝向。在满足抗震要求的条件下，尽量开大南窗，减少缩小北窗，尽量不开东西窗。同时应注意窗体构件的热阻变化。表 7-1 为墙、窗热阻比值参考表。

墙、窗热阻比值参考表　　　　　　　　　　表 7-1

窗的热阻	墙的热阻	
	240 墙 $R_0 = 0.492$	370 墙 $R_0 = 0.652$
单层木窗 $R_0 = 0.203$	2.4	3.2
单层钢窗 $R_0 = 0.160$	3.0	4.1
双层木窗 $R_0 = 0.416$	1.2	1.6
双层钢窗 $R_0 = 0.310$	1.6	2.1

对窗户进行保温，主要从构造和材料上加以解决。

在构造方面，首先做密缝处理，防止窗缝透风。窗缝冷风渗透热损失在窗户总热损失中占 $1/3 \sim 1/2$，在窗缝处设置橡胶、毡片做成的密闭防风条，或在接缝处外面盖压缝压条等，可以减少冷风渗透损失的 3/4 以上。其次，为减少窗框的导热损失，可将金属窗框做成空心断面，中间填塞保温材料。第三，应提高窗玻璃的保温能力。增加玻璃的层数，热阻增大，散热减少，透过率降低。表 7-2

为不同层数玻璃的传热系数和透过率。目前比较推荐的方式是双层玻璃加保温窗帘。

玻璃层数不同时窗户的传热系数和透过率　　　　表 7-2

窗玻璃层数	传热系数	透过率
2 层	3.5	0.72
3 层	2.3	0.65
4 层	1.7	0.59
双层加保温窗帘	1.0	0.72

（2）门的设计

太阳房的外门应采用密封、保温性能良好的材料制作，如果有条件，可以采用塑钢材料制作，外门应采用两道门。如果门开设在北墙和东西墙，应设置门斗，避免冷空气直接侵入室内；如果门开设在南墙，两道门之间应有 800～1000mm 的间距作为缓冲区，防止冷风直接进入室内。

7.3　被动式太阳房的施工与管理

被动式太阳房在我国民用建筑领域已有近 30 年的建设史，如宿舍、教学楼、住宅楼、卫生院、办公楼、商品房、微波站等，主要分布在城郊、小城镇和边缘的广大农村地区。已建成的规模在全国已达一千余万平方米，并积累了一些测试数据。在多年运行中出现的问题以及积累的经验可供借鉴。"十一五"期间，国家大力实施《可再生能源法》，在政策上有较大激励。推广的太阳房在使用功能上较以往有较大提高，对室内温度、舒适度要求也较高。

7.3.1　太阳房的施工技术

1. 太阳房的施工图纸

被动式太阳房的建造是根据专业技术人员绘制的施工图纸完成的。太阳房的使用性质、建筑规模、层数、层高、采用材料、结构形式及集热措施等，都反映在施工图纸上，是指导太阳房施工的主要依据。因此，从事太阳房建设的人员必须熟悉建筑识图方面的知识。

　　一般来说，被动式太阳房施工图纸主要有建筑施工图和结构施工图两大类。比较完善的太阳房设计图纸还包括给排水、供暖和电气施工图纸。

　　(1) 总平面图

　　总平面图是表明新建太阳房在建筑场地内的位置和周围环境的平面图，是太阳房定位放线的依据。建筑总平面图上标有太阳房的外形轮廓、层数、周围的地物、原有道路、房屋，以及拟建房屋、道路、给排水、电源、通信线路走向、指北针及风玫瑰等。

　　(2) 建筑施工图

　　建筑施工图包括平面图、立面图、剖面图和节点详图等。通常以"建施—××"编号。

　　1) 平面图：主要表示太阳房的平面形状、使用功能、不同房间的组合关系、门窗位置等。由下列内容组成：

　　①太阳房形状、内部的布置及朝向：包括太阳房的平面形状、各类房间的组合关系、位置，并注明房间的名称，首层平面图还要标注指北针，表明太阳房的朝向。

　　②表明建筑物的尺寸，在平面图中，用轴线和尺寸线表示各部分的长度、宽度和精确位置。外墙尺寸一般为三道标注：最外面一道是外包尺寸，表明了太阳房的总长度和总宽度。中间一道是轴线尺寸，表明了开间和进深的尺寸。最里面的一道是细部尺寸线，表明门窗洞口、墙垛、墙厚等详细尺寸。内部标注有墙厚、门窗洞口尺寸、与轴线的关系等。首层平面图上还要标注室外台阶和散水的尺寸。

　　③表明太阳房的结构形式、集热形式及主要材料。

　　④表明门窗的编号，门的开启方向。注明门窗编号，如 M1，M2，C1，C2 等。并在图中列出全部门窗表，注明门窗的编号、尺寸、数量等。表明门的开启方向。作为门及五金安装的依据。

　　⑤表明剖面图、详图和标准图的位置及编号。表明剖切线的位置。一般用1-1，2-2表示。表明局部详图的编号及位置。一般用圆圈内的分数表示，如 1/1，1/2，2/5等。分数线上的数字表示第几个图，如第1、2个图，分数线下的数字表示图纸的页数。如第1、2、5页。表明所选用的构件、配件的编号。

⑥必要的文字说明。平面图中不易表明的内容需要用文字说明，一般包括施工要求、材料标号等。

2）立面图：立面图是表示太阳房外貌的图纸。由下列内容组成：

①表明太阳房的外形。门窗、集热器、阳台、台阶等的位置。

②表明太阳房外墙所用材料和做法。

③表明太阳房的室外地坪标高、檐口标高和总高度。

3）剖面图：剖面图是表示太阳房的竖向构造、各部位高度、标高索引的图纸。

①表明了太阳房各部位的高度：楼板、圈梁、门窗、过梁的标高或竖向尺寸。

②表明地面、屋面、墙体的构造及做法。

③剖面图中不易表明的部位或做法，有时可引出详图索引。

4）详图：在太阳房建筑施工图中，除绘制平、立、剖面图外，为了详细表明太阳房重要部位的构造，还应用施工详图加以表明，需绘制详图的部位一般有外墙、楼梯、集热器、门窗等。

（3）结构施工图

结构施工图表明太阳房承重骨架的构造情况和各工种对结构的要求。它是施工放线、挖地槽、支模板、绑扎钢筋和构件浇注、安装的依据。结构施工图包括基础平面图、基础剖面图、楼板结构平面图、钢筋混凝土构件详图。通常以"结施—××"编号。

1）基础平面图：基础平面图主要表明基础墙、垫层、预留洞口、构件布置的平面关系。在图中可以看到1—1、2—2等剖切符号，表明该基础的剖切位置，可以在基础剖面图上看到具体构造和做法。

2）基础剖面图：基础剖面图主要表明基础做法和材料。图中可以看到基础墙中心线与轴线的尺寸关系、基础墙身厚度、埋深尺寸、垫层材料及尺寸、低于室内地坪的墙身处是否设有防潮层。

基础平剖面图中的文字说明是必须的，包括±0.000 相当的绝对标高，地基承载力设计值，材料强度，施工验槽要求等内容。

3）楼（屋）面板结构平面图：楼面板有预制和现浇两种。农村建房多数是现浇楼（屋）面板。楼面板平面图包括：平面、剖面、钢筋表、文字说明等。

4）结构详图：结构详图是制作模板、绑扎钢筋的依据。一般包括钢筋混凝土梁、板、柱、楼梯等非标准构件详图。图中表明平面和剖面的详细尺寸、标高、轴线、编号、钢筋布置等。

太阳房本身是还有它的特殊要求。施工图、施工质量的好坏，将直接影响着太阳房的供暖效果。

2. 太阳房的施工准备

施工准备是施工单位搞好太阳房建筑施工管理的重要内容，也是保证实现工期短、质量优、成本低的必要前提。由于每一项工程规模不同，使用功能要求不同，现场施工条件不同，建造期限不同，所投入的人力、物力不同，所使用的施工机械不同，因此，准备工作的具体内容也各有侧重。

被动式太阳房建筑施工准备有以下内容：

（1）熟悉图纸及有关资料

1）施工现场的地质勘测报告；

2）由设计、施工、建设等单位会审过的被动式太阳房施工图纸；

3）有关施工及验收规范及标准图。

（2）确定施工方案

被动式太阳房建筑施工方案除了应满足普通建筑要求外，还要根据本身的特点制定相应的施工工艺和综合技术措施：

1）各主要部件、节点的施工方法和施工顺序；

2）各类集热材料、蓄热材料、保温材料的质量标准和保管方法；

3）施工场地水文地质情况及处理方法；

4）保证施工质量、安全操作和冬雨季施工技术措施。

（3）材料的选择、采购、贮存

在被动式太阳房建筑中，所选用的集热材料、蓄热材料、透光材料均为普通建筑材料，但因其具有特殊的使用功能，对提高太阳能利用率有着关键性作用，所以在选择时应注意以下几点要求：

1）建筑及保温材料性能指标应满足设计要求；

2）为确保保温材料的耐久和保温性能，其含水率必须严格控制，如设计无要求时，应以自然风干状态的含水率为准。对吸水性较强的材料必须采取严格的防水防潮措施，不宜露天存放；

3）保温材料进场所提供的质量证明材料包括以下技术指标：

松散性保温材料（膨胀珍珠岩）：导热系数≤0.051W/（m·K）；干容重＜10kg/m³；含水率2%；粒度(0.15mm筛孔通过量)＜6%。

板状保温材料（聚苯乙烯泡沫板）：密度≤0.03g/cm³；抗压强度≥0.15MPa；吸水性≤0.08g/cm³；导热系数≤0.04W/（m·K）。

4）板状保温材料在运输及搬运过程中应轻拿轻放，防止损伤断裂、缺棱掉角，保证板的外形完整；

5）吸热、透光材料

应按设计要求选用，设计无要求时，按下列指标选用：

吸热体材料：薄钢板、铝板厚度≥0.05mm

透光材料：玻璃≥3mm

6）施工现场应作好防火、防潮等安全措施；

7）确定的集热、蓄热、保温、透光材料，未经设计单位同意，施工单位不得随意更改。

3. 被动式太阳房基础施工要求

由于被动式太阳房工程较小，一般情况下均采用毛石条形基础，毛石基础施工要点如下：

（1）毛石应质地坚实，无风化剥落和裂纹，混凝土强度等级在 C20 以上，尺寸在 200～400mm 之间，填心小块为 70～150mm 之间，数量占毛石总量的 20%。

（2）砌筑毛石基础的砂浆一般采用 M5 水泥砂浆，灰缝厚度为 20～30mm。

（3）毛石基础顶面宽度应比墙厚大 200mm（每边宽出 100mm），毛石基础应砌成阶梯状，每阶内至少两皮毛石，上级阶梯的石块至少压砌下级阶梯石块的 1/2。

（4）砌筑基础前，必须用钢尺校核毛石基础的尺寸，误差一般不超过 5mm。

（5）砌筑毛石基础用的第一皮石块，应选用比较方正的大石块，大面朝下，放平、放稳。当无垫层时，在基槽内将毛石大面朝下铺满一层，空隙用砂浆灌满，再用小石块填空挤入砂浆，用手锤打紧。有垫层时，先铺砂浆，再铺石块。

（6）毛石基础应分皮卧砌，上下错缝，内外搭接。一般每皮厚约 300mm，上下皮毛石间搭接不小于 80mm，不得有通缝。每砌完一皮后，其表面应大致平整，不可有尖角、驼背现象，使上一皮容易放稳，并有足够的搭接面。不得采用外面侧立石块，中间填心的包心砌法。基础最上面一皮，应选用较大的毛石砌筑。

（7）毛石基础每日砌筑高度不应超过 1.2m，基础砌筑的临时间断处，应留踏步槎。基础上的孔洞应预先留出，不准事后打洞。

（8）基础墙的防潮层，如设计无具体要求时，用 1：2.5 水泥砂浆加 5％的防水剂，厚度为 20mm。

（9）基础四周做防寒处理，有两种做法，一种是在房屋基础四周挖 600mm 深，400～500mm 宽的沟，内填干炉渣保温，上面做防水坡，宽度大于防寒沟 200mm；另一种是在基础回填土之前，将与墙体相同厚度的聚苯乙烯泡沫板靠近基础墙分层错缝埋入地下，埋入深度为当地冻土层的深度。

4. 被动式太阳房复合墙体施工方法

被动式太阳房主要采用复合墙体。其做法是将普通 370mm 的外墙拆分成两部分，一部分为 240mm（一砖），放在内侧，作为承重墙，中间放保温材料（如苯板、袋装散状珍珠岩等），其厚度根据设计室温而定，一般苯板为 80～100mm，珍珠岩为 130mm 以上。外侧为 120mm 的保护墙（半砖）。

承重墙与保护墙之间必须用钢筋拉结使它们形成一个整体。拉结方法为用直径为 6mm 的钢筋拉结，拉结筋施工应先将钢筋穿过保温材料，然后在两端弯钩，长度比复合墙厚少 40mm。水平间距两砖到两砖半（500～750mm），垂直距离为 8～10 皮砖（500～600mm）。拉结钢筋要上下交错布置。

复合墙砌筑有单面砌筑法和双面砌筑法。单面砌筑法是先砌内侧承重墙 8～10 皮高，然后安装保温材料，再砌保护墙 8～10 皮高，并按设计要求布置拉结钢筋；双面砌筑法是同时砌筑内外侧墙体，砌至 8～10 皮高时，再将保温材料和拉结钢筋依次放好。

（1）材料准备

按照设计要求准备红砖及砂浆，红砖要有出厂合格证，砂浆要有实验室配合比。在常温条件下严禁干砖上墙，必须在施工前一天晚上浇水湿润，使其含水率达到 10%～15%，即将浇过水的砖打断观察，水浸入砖内部 10～15mm 为宜。

（2）抄平放线

砌筑之前用水泥砂浆将基础顶面找平，根据龙门板上标志的轴线，弹出墙身的轴线、边线及门窗洞口位置线。

（3）摆底

按选定的组砌方式，在墙基础顶面上试摆，以便尽量使门窗垛处符合砖的模数。偏小时可调整砖与砖之间的立缝，使砖的排列及砖缝均匀，提高砌筑效率。

（4）立皮数杆

皮数杆是一种方木标志杆，上面画有每皮砖及灰缝的厚度，门洞口、过梁、楼板、梁底等的标高位置，用以控制砌体的竖向尺寸。一般在墙体的转角处及纵横交接处设置。

（5）盘角及挂线

砌墙时应先盘角，每次盘角不宜超过五皮砖。盘角时要仔细对照皮数杆的砖层和层高，控制好灰缝大小，使水平灰缝均匀一致。砌筑复合保温墙必须双面挂线。如果长墙几个人共用一根通线，中间应设几个支线点，小线要拉紧。每层砖都要穿线看平，使水平缝均匀一致。

（6）墙体砌筑

砌砖要采用"三一砌砖法"，即一铲灰，一块砖，一挤揉。水平灰缝厚度和竖向灰缝宽度一般为 10mm 左右，在 8～12mm 之间为宜。必须严格执行砖石工程施工及验收规范，做到横平竖直，灰浆饱满，内外搭接，上下错缝。砌体水平灰缝的砂浆饱满度达到 80% 以上（用百格网检查）。砌体转角和丁字接头处应同时砌筑，不能同时砌筑时应留斜槎，斜槎长度不应小于其高度的 2/3，如留斜槎有困难时，除转角外，也可以留直槎，但必须是阳槎，严禁阴槎，并设拉结筋，拉结筋的间距是沿墙高 8～10 皮砖（500mm）设一道，240mm 墙设 2 根 $\Phi 6$ 钢筋，370mm 墙设 3 根。埋入长度为两侧各 1000mm，末端应有 90° 弯钩。构造柱处为马牙槎，马牙槎应先退后进，上下顺直，残留砂浆应清理干净。砌筑砂浆应随搅拌随使用，水泥砂浆必须在 3 小时内用完，混合砂浆必须在 4 小时内用完，不得使用过夜砂浆，墙体砌筑时，严禁用水冲浆灌缝。

（7）安装保温材料及拉结筋

当保温材料为聚苯乙烯泡沫板时，宜采用总厚度不变（2～3层）错缝安装。当保温材料为岩棉、膨胀珍珠岩等材料时，必须设防潮层。雨季施工时应及时遮盖，以免保温材料因潮湿而降低保温性能。对易产生"冷桥"现象的圈梁、过梁、构造柱处保温施工，可采用憎水性板状保温材料，在设计及建设单位有关人员检查合格后，进行下一道工序，并填写隐蔽工程验收记录。

拉结筋的规格、数量及其在墙体中的位置、间距，均应符合设计要求，不得错用、错放、漏放。

5. 被动式太阳房集热部件、屋面、地面施工方法

（1）太阳能集热部件施工

在被动式太阳房建筑中，集热部件主要包括直接受益窗、空气集热器、阳光间等。这些部件的框架最好采用塑钢材料，减少框扇的遮挡，最大限度地接受太阳能，满足保温隔热要求。

直接受益窗、空气集热器等部件的安装，应采用不锈钢预埋件、连接件，如非不锈钢件应做镀锌防腐处理。连接件每边不少于2个，且连接件间距不大于400mm。为防止在使用过程中，由于窗缝隙及施工缝造成冷风渗透，边框与墙体间缝隙应用密封胶填嵌饱满密实，表面平整光滑，无裂缝，填塞材料、方法符合设计要求。窗扇应嵌贴经济耐用、密封效果好的弹性密封条。

（2）屋面施工顺序及施工方法

被动式太阳房屋面保温做法有两种形式，一种是平屋顶屋面，另一种是坡屋顶屋面。

1）平屋顶施工顺序及施工方法

平屋顶施工顺序是：屋面板、找平层、隔汽层、保温层、找坡层、找平层、防水层、保护层。

保温层一般采用板状保温材料（聚苯乙烯泡沫板）和散状保温材料（珍珠岩），厚度根据当地的纬度和气候条件决定，一般采用聚苯乙烯泡沫板厚度为120mm以上，在聚苯乙烯泡沫板上按600mm×600mm配置Φ6钢筋网后做找平层；散状保温材料施工时，应设加气混凝土支撑垫块，在支撑垫块之间均匀地码放用塑料袋包装封口的散状保温材料，厚度为180mm左右，支撑垫块上铺薄混

凝土板。其他做法与一般建筑相同。

2）坡屋顶施工顺序及施工方法

坡屋顶屋面是农村被动式太阳房的常见形式。坡屋顶一般为 26°～30°。屋面基层的构造通常有：①檩条、望板、顺水条、挂瓦条；②檩条、椽条、挂瓦条；③檩条、椽条、苇箔、草泥。

坡屋顶屋面保温一般采用室内吊顶。吊顶方法很多，有轻钢龙骨吊纸面石膏板或吸声板、吊木方 PVC 板或胶合板、高粱秆抹麻刀灰等。保温材料有聚苯乙烯泡沫板、袋装珍珠岩、岩棉毡等。

（3）地面施工方法

被动式太阳房地面除了具有普通房屋地面的功能以外，还具有贮热和保温功能，由于地面散失热量较少，仅占房屋总散热量的 5% 左右，因此，太阳房的地面与普通房屋的地面稍有不同。其做法有两种：

1）保温地面法

①素土夯实，铺一层油毡或塑料薄膜用来防潮；

②铺 150～200mm 厚干炉渣用来保温；

③铺 300～400mm 厚毛石、碎砖或砂石用来贮热；

④按正常方法做地面。

2）防寒沟法

在房屋基础四周挖 600mm 深，400～500mm 宽的沟，内填干炉渣保温。

6. 太阳房验收要求

太阳房的竣工验收与一般建筑的验收大同小异，分为档案验收和分部分项工程验收。

（1）档案验收

1）工程使用的各种保温材料、蓄热材料及构配件必须有产品质量合格证、质量检验报告、进场抽样复试报告单。

2）对复合墙体，地面与屋面保温材料铺设方式、拉结筋等隐蔽工程应严格按图纸要求施工，需认真做好工程记录。

3）检查是否有设计变更，如果有，检查设计变更手续是否齐全，材料代用通知单是否齐全。

4）检查施工日记及工程质量问题处理记录是否齐全。

（2）分部分项工程验收

1）分部分项工程应在上一道工序结束后，进行工程质量验收，参加验收人员有工程监理、设计、施工及建设单位代表。上一道工序验收合格后进行下一道工序，否则不准进行下一道工序。

2）基础工程验收时应检查保温隔热工程，保温材料含水率等是否符合设计要求，以及隐蔽工程记录。

3）地面工程应按地面构造分层验收，应有施工检查记录。

4）复合墙体施工过程中应按以下内容进行中间验收：

①使用保温材料应有出厂证明及复试证明，确认其各项指标符合设计要求。

②保温材料放置应严密无缝，如出现空隙应以保温材料填充，做好施工记录。

③砌筑砂浆底灰饱满度要大于80％，碰头灰达60％以上，所有灰缝均应达到密实状态。

④建设单位及施工单位应严格按设计要求认真做好施工记录及质量检查记录，认真归档。

⑤冷桥部位处理必须经设计与施工单位双方共同检查，认定符合设计要求。

7.3.2　被动式太阳房的维护管理

（1）被动式太阳房使用中应注意集热面清洁，同时应防止物体遮挡冬季的阳光，否则将减少照射到集热面上的太阳辐射量，降低供暖效果。

（2）为了有效地利用对流换热量，白天，集热蓄热墙式太阳房的上下通风口要保持畅通，禁止乱放杂物，夜间，为了防止热量倒流，应注意挡住通风口。

（3）冬季，太阳房应尽量减少门窗的开启，以减少冷风渗透耗热量，同时应随时修补房屋结构的漏洞。

（4）集热蓄热墙式太阳房室内应保持清洁、干燥，防止灰尘和水汽从下风口进入窗、墙夹层而影响集热效果。

（5）太阳房每年应维修一次，清理盖层，窗、墙夹层的脏物等，有条件的可更换密封腻子。

太阳能热泵供暖技术 **8**

8.1 热 泵 概 述

8.1.1 什么是热泵

作为自然界的现象，水会由高处自然流向低处。当我们要把水从低处送到高处时，马上会想到水泵。用水泵来完成这一工作，即通过水泵对水进行加压，所以水泵是对液体进行加压的装置。我们知道，水泵工作是要消耗能量（电能）的。

与此类似，热量也总是自然地从高温区流向低温区。当我们希望热量从低温区流向高温区时，就需要一种装置来完成这一工作，这个装置叫做"热泵"。同样，热泵工作也是需要消耗能量（电能或热能）的。

如图 8-1 所示，低温热源相当于冬季的室外空气（也可以是井水、土壤等），高温热源相当于房间内的空气。我们知道，冬季房间内的热量会通过围护结构如墙体、门窗、屋顶等传向室外空气。要维持房间内舒适的温度，就需要向房间内补充热量。假如房间内空气温度（T_H）为 20℃，室外空气温度（T_L）为 -10℃，我们能否让室外空气向室

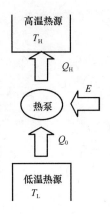

图 8-1 热泵原理

内空气传递热量呢？利用热泵装置我们可以做到。目前广泛使用的带制热功能的房间空调器（分体式空调）就是这样的装置，称为空气源（从室外空气中吸取热量）热泵。

热泵消耗的能量（电能）为 E，从室外空气中吸取的热量为 Q_0，送到房间

中的热量为 Q_H，则：

$$Q_H = E + Q_0$$

8.1.2　热泵的工作原理

热泵是基于逆卡诺循环原理建立起来的一种节能、环保制热装置。热泵系统通过自然能获取低温热源，经系统高效集热后成为高温热源，用来供暖，整个系统集热效率较高。

热泵（压缩式热泵）由压缩机、冷凝器、蒸发器、膨胀阀及管路系统组成，如图8-2所示。管路中的工质通过气、液转换吸收或放出热量，实现升高或降低室内空气温度的作用。冬季工作时为制热循环，压缩机产生的高温高压气体在冷凝器（分体式空调的室内机）中散热，向室内输送热量加热室内空气。冷凝器出口处的高压液体工质经过膨胀阀降压后进入蒸发器（分体式空调的室外机）蒸发，吸收室外空气中的热量重新变成气体，再进入压缩机压缩，从而完成一个循环。夏季工作时为制冷循环，工质在蒸发器中吸收室内空气的热量蒸发，气态工质经压缩机加压后成为高温高压的气体，在冷凝器内向室外空气放热冷凝，冷凝工质经膨胀阀降压后再进入蒸发器，完成一个循环。

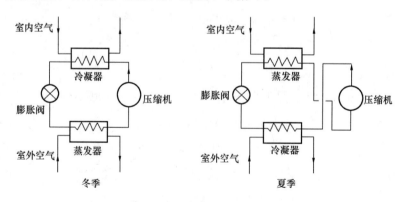

图8-2　热泵工作原理

需要说明的是，冬夏季我们并不需要像图中那样把蒸发器和冷凝器（室内机和室外机）对调，而是通过管路切换来完成工作状态的转变。

如前所述，热泵是从低温热源吸取热量输送到高温热源的装置，因此，低温热源对于热泵的工作十分重要。低温热源可以是空气，也可以是水，前者称为空气源热泵，后者称为水源热泵。

8.1.3 热泵的优点

热泵的优点主要集中在其节能、环保方面。

热泵的主要性能指标为能效系数 COP，COP 的定义为：

$$COP＝获得的热量/消耗的能量$$

采用热泵为建筑物供热可以大大降低一次能源的消耗。通常我们通过直接燃烧矿物燃料（煤、石油、天然气）产生热量，并通过若干个传热环节最终为建筑供热。在锅炉和供热管线没有热损失的理想情况下，一次能源利用率（即为建筑物供热的热量与燃料发热量之比）最高可为 100%（实际仅为 50%～60%）。

但是，燃烧矿物燃料通常可产生 1500～1800℃ 的高温，是高品位的热量，而建筑供热最终需要的是 20～25℃ 的低品位的热量，直接燃烧矿物燃料为建筑供热意味着大量可用能的损失。

如果先利用燃烧燃料产生的高温热能发电，然后利用电能驱动热泵从周围环境中吸收低品位的热量，适当提高温度再向建筑供热，就可以充分利用燃料中的高品位能量，大大减低用于供热的一次能源消耗，供热能效系数可达到 3～4。如果火力发电站的效率为 35%，则一次能源利用率可达到 105% 以上，是直接燃烧矿物燃料供热的一倍以上。

采用热泵技术为建筑物供热可以大大降低供热的燃料消耗，不仅节能，同时也大大减低了燃烧矿物燃料而引起的二氧化碳和其他污染物的排放。

8.1.4 热泵技术发展概况

热泵技术的研究与应用经历了较长的发展过程。1824 年卡诺首先提出了热泵的热力学循环理论，1852 年开尔文具体提出了热泵的设计思想，当时由于条件所限并没有立即得以实现。

20 世纪 30 年代，出现了热泵的示范装置。从热泵本身来说，由于设备的一次投资高，另外当时的发电厂效率低，电能成本高，压缩机和换热器的制造技术也不精良，且燃料的价格相对便宜，因此热泵技术的发展受到很大制约。到了20 世纪 50 年代，科学技术进步很快，电能成本降低，而燃料价格不断上涨，又由于精密工业和公共建筑大量要求进行空气调节，于是国外又积极开展热泵研究工作，并有了较大的发展。

美国自 1945～1950 年开始了热泵技术方面的研究，这期间受到两次能源危机的影响，石油价格上升，给热泵的发展注入了活力。西欧各国主要致力于大型热泵的开发与研究。日本是热泵技术和市场发展最快的国家之一，这是由于日本的能源十分贫乏，政府面临能源稳定供应和高效利用的双重任务。日本在 1973～1982 年的 10 年间，总能耗对国民生产总值的比值下降了 30%，此成绩的取得，热泵技术的发展起到了重要作用。每一次能源危机和燃料涨价，总会引起大小不一，范围不等的"热泵热"。

我国的热泵工业相对于世界上发达国家起步较晚，但发展速度相对较快。70年代末到 90 年代末期间，我国掀起了一股"热泵热"。从 2001 到 2005 年，经过5 年的培育，中国热泵行业开始从导入期转入成长期。热泵行业快速发展，这一方面得益于能源紧张使得热泵节能优势越来越明显，另一方面与多方力量的加入推动行业技术创新有很大关系。

8.2 热泵的低温热源

8.2.1 热泵的热源

热泵的热源是指可利用的自然界低位能源（空气、地下水、河湖水、土壤热、太阳能等）以及生活和生产中的排热热源（从建筑物内部回收的热量、工业废热、废水中余热量等）。一般而言，这些热源温度虽然较低，但数量大，仍可通过热泵向生活和生产过程提供有用的热量。热源的选择对热泵工作特性、经济性乃至热泵系统的形式有重要影响。

为了保证热泵能够经济、可靠地工作，对热源有如下要求：

（1）低位热源要有足够的容量和较高的品位。热泵热源温度的高低是影响热泵运行性能与经济性能的主要因素之一。在一定的供热温度下，热泵热源温度与供热温度之间的温差越小，热泵的理论性能就越高。

（2）在任何时候、任何可能出现的最高供热温度时，热源都应能够提供所必须的热量，热源温度的时间特性与供热的时间特性尽量一致。

（3）获取热源时，最好不需要附加投资，或者附加投资尽量少。

（4）热源对热交换设备无物理化学作用（即无腐蚀、污染、结垢等），或者这些作用尽可能小。

低位热源在应用时要注意以下几点：

（1）蓄热问题：由于空气、太阳能等热源的温度都是周期性变化或是间歇性的，难以提供稳定的热量，故可利用蓄热装置贮存低峰负荷时的多余热量以提供高峰负荷热量不足时使用，这对提高热泵运行的稳定性和经济性都十分重要。

（2）低温热源与辅助热源的匹配：当没有足够的蓄热热量可利用，在高峰负荷时，热泵可采用辅助热源，若匹配合理，对装置的初投资和运行费用都是有利的。

（3）热源多元化：当有多种热源可供利用时，可组合应用。例如，在室外温度高时，热泵可用空气热源，而当室外温度较低时可采用水热源来补充。

8.2.2 空气源热泵系统的现状及存在的主要问题

空气源热泵是以空气为低温热源、通过输入少量高品位能源（电能）来实现低品位热能向高品位热能转移的一种热泵空调系统。在可再生能源领域，空气源热泵系统自出现以来，以其独有的优势在建筑能源应用中逐渐占据了较大的市场份额，发挥着不可忽视的重要作用。作为重要的节能型供热空调设备，空气源热泵在我国长江中下游地区、中南地区、西南地区以及华南地区得到广泛的应用，这些地区冬季室外温度一般不低于零下5℃，室内需热量不大，夏季气温较高，一般有制冷的要求，空气源热泵系统应用效果良好，机组运行平稳。由于在这些地区热泵的运行区间（气温为−5℃～10℃）相对较窄，机组的经济性可以得到较好的保证，无需辅助热源，能够以较低的初投资和较低的能耗较好地满足该地区的供暖、空调要求，高效节能、不污染环境、一机两用。

近年来，空气源热泵使用地域由南向北，从长江流域逐渐扩展到我国的北方地区。空气源热泵以空气作为热泵的低位热源具有无可比拟的优点，但由于空气的比热容小，为获得足够的热量以及满足热泵温差的限制，其室外侧蒸发器所需的风量较大，使热泵的体积增大，也造成一定的噪声。蒸发器中工质蒸发温度与空气进风温度之差约为 10℃ 左右，蒸发器从空气中每吸收 1kW 热流，实际所需的空气流量约为 0.1m³/s，一般而言，相同容量下，热泵用蒸发器的面积比制冷用蒸发器面积大。用风机使空气强制流过蒸发器表面，对于普通翅片管式结构的蒸发器，风机所消耗的能量一般小于蒸发器从空气中吸收热量的 5%。

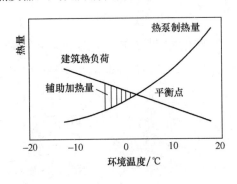

图 8-3　空气源热泵的供热特性

空气源热泵存在着明显的缺陷。室外空气状态（温度、湿度）随着地域、季节、昼夜均有很大的变化，而热泵的制热量和制热系数受室外空气状态影响较大。当室外空气温度降低时，系统的蒸发温度降低，压缩机制冷剂流量减少，压缩机的压缩比增大，热泵运行工况变差，热泵的制热量减少，而是建筑热负荷随着室外温度降低变大，热泵的制热量与建筑物的热负荷变化趋势相矛盾。图 8-3 显示了采用空气源热泵供暖的系统特性，建筑热负荷曲线随室外温度降低而升高，而热泵制热量曲线随室外温度的降低而减少，两者的交点称为平衡点，相对应的横轴温度称为平衡点温度。在平衡点温度下，热泵制热量与建筑热负荷相平衡，环境温度高于平衡点温度时，热泵制热量有余；当环境温度低于平衡点温度时，热泵制热量不足，必须补充加热量。所以在选择空气源热泵作为建筑供热设备时，为满足较低室外温度下的供热要求，需要选择大容量的热泵机组或增设辅助加热装置。

空气源热泵的另一个缺点是结霜。空气是有一定湿度的，空气流过蒸发器被冷却时，当蒸发器表面温度低于室外空气的露点温度时，蒸发器表面会凝露，当蒸发器表面温度继续降低且低于 0℃ 时，蒸发器表面开始结霜。蒸发器表面微量凝露时，可增强传热 50%～60%，但阻力有所增加。蒸发器翅片间的霜层不仅使空气流动阻力增大，而且随着霜层增厚，换热器的热阻增大，传热恶化。图 8-4 是通过计算得出的某型号热泵机组在不同迎面风

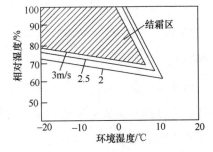

图 8-4　空气源热泵机组的结霜区域

速下的结霜图。可以看出迎面风速越小，其结霜区域越大，结霜更容易发生。一般，当相对湿度大于 75%，室外温度低于 5℃时热泵就开始结霜，室外温度在－7℃～2℃时，空气中的绝对含湿量较高，结霜速度最快。

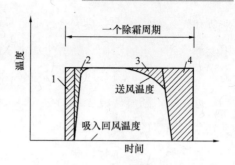

图 8-5　空气源热泵的送风温度与除霜损失

1—启动时热量损失；2—升温过程热量

损失（1%～3%）；3—结霜热量损失

（2%～10%）；4—除霜损失（6%～10%）

结霜到一定程度要除霜，现有的除霜方法一般都是利用四通阀换向，进入制冷工况，压缩机排气直接进入翅片管换热器以除去换热器表面霜层，因此除霜运行时热泵只耗能不供热。图 8-5 为空气源热泵在一个除霜周期内送风温度变化与除霜损失的示意图。

8.2.3　太阳能作为热泵低温热源的可能性和优势

太阳能作为一种可持续利用的清洁能源，被认为是 21 世纪以后人类可期待的、最有希望的能源，得到了国际社会的普遍重视。特别是 20 世纪 70 年代以来，世界各国将太阳能的研究、应用和开发推向一个新阶段。太阳能在建筑中的应用，是利用建筑构造本身所形成的集热、蓄热和隔热系统以及附加在建筑物上的专用太阳能部件，对太阳能进行光—电和光—热转换来满足建筑物供暖、空调、照明及生活热水供应等方面的能耗需求，从而达到减少建筑能耗，节约常规能源，缓解大气污染，改善生态环境的目的。我国地处北纬 4～54 度之间，幅员辽阔，年日照时间大于 2000 小时的地区约占全国面积的三分之二，有着十分丰富的太阳能资源，在建筑物中推广和应用太阳能热利用技术具有广阔的发展前景，对于促进我国建筑节能工作的深入开展以及提高室内环境的舒适度具有重大的现实意义。

利用热泵的节能技术特点，将热泵技术与太阳能热利用技术有机结合起来的太阳能热泵，一方面可以有效降低集热器的板面温度，提高集热器效率；另一方面在太阳辐射条件良好的情况下，太阳能热泵加热系统可以获得比空气源热泵更高的蒸发温度，从而提高热泵系统的性能（COP 达到 4 以上）。但由于太阳能受季节和天气影响较大、热流密度低，导致各种形式的太阳能直接热利用系统在应用上都受到一定的限制。随着生活水平的提高，热用户对于供热的要求也越来越高，太阳能利用的一些局限性日益显现出来。

近几年，随着研究工作的深入，人们逐渐认识到：靠单一热泵来制冷、制热受到众多因素的限制。在这种条件下，以生态理念构建的复合热源热泵便应运而生。复合热泵是为了弥补单一热源热泵存在的局限性和充分利用低位能量的要求，运用了各种复合热源的热泵系统，如空气—水热泵机组、空气—土壤热泵机组、太阳—空气源热泵系统、太阳—水源热泵系统、太阳—土壤热泵系统等。

空气源热泵在寒冷环境下不能高效、稳定、可靠地运行，而太阳能热泵因直接受太阳辐射的影响只能间歇运行或配备辅助热源，各具优缺点。基于此，将空气源和太阳能两种低温热能形式结合在热泵技术中，形成优势互补的复合热源热泵系统应用于建筑物供暖空调，从而最低限度地消耗常规能源、最大限度地利用绿色生态可再生能源（太阳能、空气低焓能）解决建筑供暖空调能耗，实现建筑的节能、环保和生态平衡，同时满足较高的舒适性要求。

8.3 太阳能/空气源复合式热泵系统

8.3.1 太阳能/空气源复合热源特点

由于供暖季我国寒冷地区的气象参数处于结霜范围内，为使空气源热泵在低温环境中高效、稳定、可靠地运行，就需要结合实际情况对导致结霜的因素加以控制。在选择空气源热泵作为建筑供暖时，为满足较低室外温度的使用需求，需要选择大容量的热泵机组或增设辅助加热设备，如通过电加热提高热泵制热性能或采用燃烧器辅助加热室外换热器等等。

电辅助加热是目前常见的供暖辅助方式，主要采用电热管、PTC 两种加热原件，初投资少。而从一次能源利用率的角度来说，电辅助加热并不节能，在能量利用过程中将高品位能变成了低品位能，造成了能量的降级利用。

在辅助加热设备的开发方面，亟需一种既清洁又不消耗一次能源并且能提高空气源热泵性能的加热器。采用适当形式的太阳能集热装置，适当提高热源温度，对改善空气源热泵的运行效果很有效。从初投资和运行费用综合角度看，太阳能辅助热源也是一种较好的方式。

太阳能的缺点就是能量密度低，受天气影响较大，到达某一地面的太阳辐射强度，因受地区、气候、季节和昼夜变化等因素影响时强时弱、时有时无，给使用带来不少困难。

太阳能/空气复合式热泵系统是在空气源热泵机组的蒸发器上增加一辅助换热器，当热泵在低温环境下制热运行时，高于环境温度的太阳能热水流经该辅助换热器，从而使制冷剂在相对较高的环境里蒸发吸热，提高蒸发温度，改善压缩机的工作状况。主要表现在：

(1) *COP* 显著提高

在同样的环境温度下，冬季太阳能辅助加热使制冷剂系统的蒸发温度得以提高，机组的制热性能系数较普通空气源热泵机组有了明显的提高。

(2) 改善空调压缩机工作环境，延长机组使用寿命

在环境温度较低时，空调压缩机的压缩比急剧升高，压缩机的排气温度常常会超过压缩机允许的工作范围，从而导致压缩机频繁地启停，无法正常工作，长此以往，将使压缩机的整体性能受损，减少空调设备的使用寿命。通过太阳能热源提高系统蒸发温度，间接改善了热泵压缩机的工作环境，不但解决了压缩机在外界低温环境下不能正常工作的问题，而且可以使整个热泵机组的使用寿命得以延长。

将太阳能作为空气源热泵的辅助热源，其目的在于取长补短，互为备用，充分发挥两种热源的优势，同时又弥补了各自的不足，改善了热泵的运行工况。

双热源热泵的优点不仅在冬季可以很好地体现出来，在夏季与空气源热泵相比同样具有很大的优势。在夏季，空调机组制取冷冻水向建筑物供冷时，将大量的冷凝热释放到周围环境中去。与此同时，消耗传统能源加热卫生热水来满足日常需求的做法显然很不合理。而双热源热泵机组制取冷冻水向建筑物供冷时，热泵机组采用复合的冷凝模式可以同时提供生活热水，不但节能效果明显，还可以减少热污染，同时提高机组的 *COP*。

8.3.2   太阳能/空气源在热泵系统中的复合方式

太阳能热泵一般是指利用太阳能作为蒸发器热源的热泵系统，区别于以太阳能光电或热能发电驱动的热泵机组。太阳能热泵系统由集热器、热泵、蓄热器等组成，该系统利用集热器进行太阳能低温集热（10～20℃），然后通过热泵将此低温热提升到供暖、供热水所需的温度（30～50℃）。根据太阳集热器与热泵蒸发器的组合形式，可分为直膨式和非直膨式。

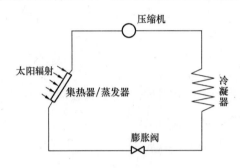

图 8-6   直接膨胀式太阳能热泵系统

在直膨式系统中，太阳能集热器与热泵蒸发器合二为一，即制冷工质直接在太阳能集热器中吸收太阳辐射能而蒸发，如图 8-6 所示。

在非直膨式系统中，太阳能集热器与热泵蒸发器分离，通过集热介质（一般采用水、空气、防冻溶液等）在集热器中吸收太阳能，并在蒸发器中将热量传递给制冷剂，或者直接通过换热器将热量传递给需要预热的空气或水。由于太阳能的低密度、间歇性，在太阳能热泵系统中通常设置贮热水箱，晴天蓄热，阴雨天和夜晚提供热量，蓄热介质为水、相变材料（PCM）等。根据太阳能集热环路与热泵循环的连接形式，非直膨式系统又可进一步分为串联式系统、并联式系统和混合连接系统。

串联式系统是指集热环路与热泵循环通过蒸发器加以串联、蒸发器的热源全部来自于太阳能集热环路吸收的热量，如图 8-7 所示，这是最基本的太阳能热泵的连接方式。并联式系统是指太阳能集热环路与热泵循环彼此独立，如图 8-8 所示，前者一般用于预热后者的加热对象，或者后者作为前者的辅助热源。混合连接系统也叫复合热源系统，如图 8-9 所示，与串联式基本相同，只是系统设有两个蒸发器，可同时利用包括太阳能在内的两种低温热源，根据室外具体条件的不同，在不同的工作模式下切换。

太阳能热泵系统在性能上弥补了传统的太阳能系统和热泵系统各自的缺点。目前国内外开展的试验研究以中小型的热水系统居多。随着研究的进展和技术的

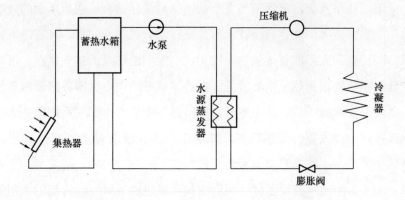

图 8-7　串联式太阳能热泵系统

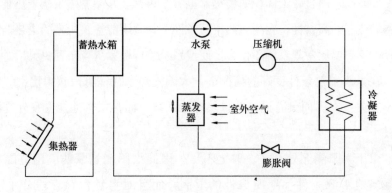

图 8-8　并联式太阳能热泵系统

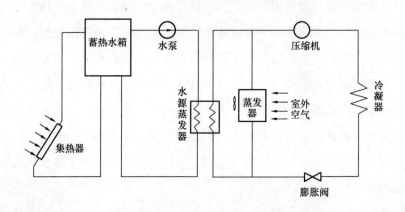

图 8-9　复合式太阳能热泵系统

成熟，太阳能热泵系统应该逐渐与大型的供热系统相结合，创造更大的效益。

太阳能热泵将太阳能热利用技术与热泵技术有机结合起来，具有以下特点：

（1）同传统的太阳能直接供热系统相比，太阳能热泵的最大优点是可以采用廉价的低温集热器，集热成本非常低。在直膨式系统中，太阳集热器的工作温度与热泵蒸发温度保持一致，且与室外温度接近；而在非直膨式系统中，太阳能集热环路往往作为蒸发器的低温热源，集热介质温度通常为 20～30℃，因此集热器的散热损失非常小，集热器效率也相应提高。

（2）由于太阳能具有低密度、间歇性和不稳定性等缺点，常规的太阳能供热系统往往需要采用较大的集热和蓄热装置，并且配备相应的辅助热源，这不仅造成系统初投资较高，而且较大面积的集热器也难于布置。太阳能热泵基于热泵供热的节能性和集热器的高效性，在相同热负荷条件下，太阳能热泵所需的集热器面积和蓄热器容积等都要比常规系统小得多，使得系统结构更紧凑，布置更灵活。

（3）在太阳辐射条件良好的情况下，太阳能热泵往往可以获得比空气源热泵更高的蒸发温度，因而具有更高的供热性能系数，而且供热性能受室外气温下降的影响较小。

（4）由于太阳能无处不在、取之不尽，因此太阳能热泵的应用范围非常广泛，不受当地水源条件和地质条件的限制，而且对自然生存环境几乎不造成影响。

（5）太阳能热泵同样可以冬季供暖，夏季制冷，全年提供生活热水，设备利用率高。由于太阳能热泵系统中设有蓄热装置，因此夏季可利用夜间谷时电力进行蓄冷运行，以供白天供冷之用，不仅运行费便宜，而且有助于电力错峰。

（6）考虑到制冷剂的充注量和泄漏问题，直膨式太阳能热泵一般适用于小型供热系统，如户用热水器和供热空调系统。其特点是集热面积小、系统紧凑、集热效率和热泵性能高、适应性好、自动控制程度高等，尤其是应用于生产热水，具有高效节能、安装方便、全天候等优点。其造价与空气源热泵热水器相当，性能却更优越。

在较高的室外气温下空气是一种良好的低位热源。空气源热泵在较高的室外气温下工作良好，热泵的制热性能系数、制热量较高，能够满足建筑供热要求，此时完全可以用空气作为热泵的低位热源。当室外温度下降时，热泵工况恶化，其制热性能系数、制热量大幅下降，这时需要提高热泵热源温度，可以用太阳能蓄热作为热泵的低位热源。

图 8-10 为复合热源热泵系统简图，图 8-10（a）为制热时循环，图 8-10（b）为制冷时循环。冬季机组制热工况下，热泵机组有两个并联的蒸发器：辅助蒸发器和空气源蒸发器，热泵既可以用环境空气作为热源，也可以用太阳能集热器蓄热水作为热源。辅助蒸发器的热水来自太阳能集热器的贮热水箱，白天通过太阳能集热器进行贮热，将热量储存在贮热水箱中。热泵有两种供热模式：当蓄热水箱内热水温度高于某一值时，辅助蒸发器和风侧蒸发器同时工作；当水温低于这一值时，只有风侧蒸发器工作，辅助蒸发器停止工作。这样热泵一直在较高的制热性能系数下运行，一定程度上弥补了空气源热泵低温运行时的不足，同时减少了太阳能集热器的集热面积和贮热水箱的容量。

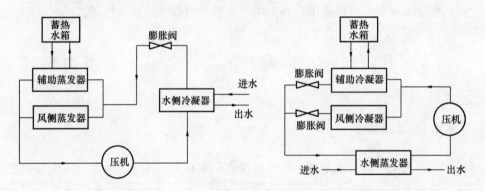

图 8-10 复合热源热泵系统简图
(a) 制热循环；(b) 制冷循环

夏季制冷工况下，热泵有三种制冷模式：当贮热水箱内热水温度低于某一值时，辅助冷凝器工作，风侧冷凝器停止工作；当水温在某温度范围内时，双冷凝器同时工作；而当水温高于某值时，只有风侧冷凝器工作。

8.3.3 太阳能/空气源复合式热泵系统

太阳能/空气源复合式热泵机组目前已形成系列产品并推向市场。图 8-11 所示的机组为天津城市建设学院与山东贝莱特空调有限公司联合开发的带辅助蒸发器的空气源及太阳能复合式热泵机组。（专利号：200620027506.2）。

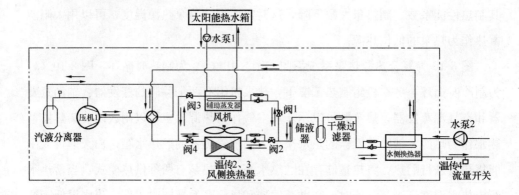

图 8-11   复合热源热泵机组系统流程图

系统由复合热源热泵机组、太阳能集热器、贮热水箱、末端系统及相应的自动控制系统组成。如夏季无制冷空调要求，末端可采用节能舒适的地板辐射供暖方式；如夏季有制冷空调要求，则末端采用风机盘管方式较为经济。

8.4   太阳能/空气源复合式热泵系统典型案例

8.4.1   工程概况

本工程为天津蓟县毛家裕一栋 3 层住宅。拥有多功能厅、卧室、车库等功能用途的房间。层高为 3.3m，建筑面积约 600m²，供暖面积约为 500m²。该工程采用机械循环上供下回双管顺流式太阳能热水供暖系统。冷、热源由设于地面太阳能/空气源组合热泵机组供给。夏季生活热水由太阳能提供部分热水，不足部分由热泵的冷凝器所释放的热量而加热的生活热水提供。该机组在夏季为该楼空调提供 7～12℃ 的冷水，冬季用太阳能作为辅助热源与热泵机组联合为该楼空调提供 40～45℃ 供暖热水。空调面积为 485m²，经计算，该住宅冷负荷为 38.80kW；热负荷为 21.83kW。空调系统形式为风机盘管空调方式。卫生间采用 LYG1-0.5/6-10 铝制翼型散热器。

8.4.2   设计规范及标准

[1]《民用建筑供暖通风与空气调节设计规范》GB 50736—2012

[2]《暖通空调制图标准》GB/T 50114—2010

[3]《太阳热水系统设计、安装及工程验收技术规范》GB/T 18713—2002

[4]《全玻璃真空太阳集热管》GB/T 17049—2005

[5]《建筑给水排水设计规范》GB 50015—2003（2009 版）

8.4.3 设计参数

1. 室外气象参数

纬度：39°05′，经度 117°04′，海拔高度 3.3m；

冬季：

大气压力 1019.9Pa；供暖室外计算（干球）温度为 0℃；日照率为 27%。空调室外计算温度：$t=-11℃$（Ⅱ型），$t=-9℃$（Ⅰ型）；通风室外计算温度：$t=-4℃$；室外风速：$V_w=3.1m/s$；主导风向：NNW（西北偏北）；

夏季：

空调室外计算温度：$t=33.4℃$；室外平均风速为 $V_w=2.6m/s$；通风室外计算温度：$t=29℃$；空调室外计算湿球温度：$t=26.9℃$。

2. 室内设计参数

室内设计参数   表 8-1

房间功能	多功能厅	卧室	接待室	车库	工人房	公卫	厨房
室内设计温度（℃）	18	18	18	5	16	20	16

3. 排风系统设计

卫生间的吊顶均设有吊顶式换气扇，将浊气排至室外。

4. 太阳能集热器系统

（1）洗浴按照 16 人次/天设计；

（2）该系统一年四季使用，在冬天和阴雨天采用电辅助加热系统；

（3）太阳能集热器置于室外，热水水箱置于阁楼。

8.4.4 太阳能集热器系统的选型与设计

1. 生活热水负荷

考虑到为农村住宅，综合经济、实用、合理等原则，取人均洗浴用水量

50kg/(人·次)，洗浴人数按 16 人计算，则日需 800kg 热水，水温 37～40℃，负荷为 4.73kW。

2. 供暖负荷

经计算供暖热负荷为 21.83kW。

3. 太阳能热水系统集热面积的确定

天津冷水计算温度地面水温度 4℃，地下水温度 10～15℃。当冷水温度为 10℃左右时，在晴天条件下，每平方米太阳能集热器可日产 40～45℃ 的热水，夏季为 80～120kg；春、秋季为 60～80kg；冬季为 30～60kg。按冬季产热量计算，一般按 40kg/(m²·d) 做计算依据，集热面积为 20m²。

因为每标准太阳能集热板的集热面积为 5m²，所以定为 4 板，相应的，实际按照每户屋顶最大布置太阳能集热板的面积也为 4 板，面积为 20m²。太阳能集热器的计算见表 8-2。选用的全玻璃真空太阳能集热管如图 8-12 所示，规格与参数见表 8-3、表 8-4。

毛家裕公寓 22♯户式太阳能集热器计算表（热水系统）   表 8-2

集热面积 （m²）	集热器数量 （板）	日产 40℃水量 （L）	水箱 （m³）	水箱数量 （台）	备　注
20	4	800	1.5	2	设计为双户型

太阳能集热器规格与参数   表 8-3

型号	真空管 规格	真空管 数量 （支）	许用压力 （kg/cm²）	重量 （kg）	容水量 （L）	晴天日产水量 （L）	集热器 尺寸 （mm）	接口尺寸
TDY5	Φ58× 1500	25	0.5	75	75	夏季：400～600 春秋季：300～400 冬季：150～300	1800× 2000	DN25-32

全玻璃真空太阳集热管规格与参数   表 8-4

真空管长度 （mm）	罩玻璃直径 （mm）	内玻璃直径 （mm）	真空管厚度 （mm）	玻璃膨胀系数	罩玻璃透射比	太阳选择 吸收涂层
1500	58	47	1.6/1.8	$3.3×10^{-6}$/℃	≥0.91	溅射渐 变-氮/铝

太阳吸收比	发射比	真空管 真空度 （Pa）	真空空 晒温度 （℃）	真空管热 损系数 W/（m²·℃）	真空管抗 冰雹能力	真空管 耐压能力 （MPa）
≥0.93	≤0.06	$5×10^{-2}$	≥200	0.85	Φ25mm冰雹 冲击不破损	≥0.8

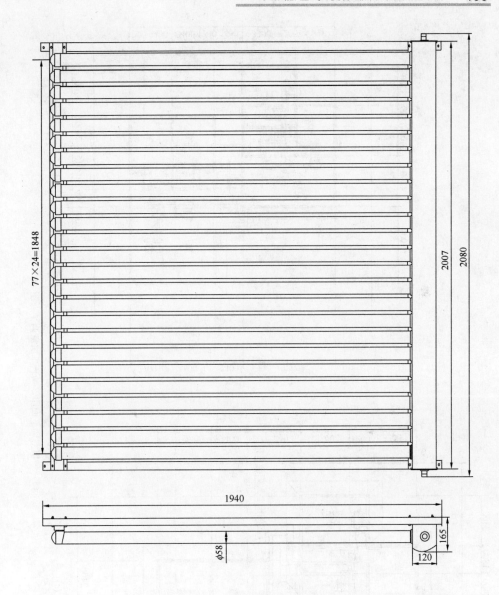

图 8-12　所选用全玻璃真空太阳集热管详图

主要设备明细表　　　　　　　　　　　　　　　　表 8-5

设备名称	设备规格及型号			数量	备注
屋顶通风器	BLD-180　　L＝180m/h　　H＝160Pa　　N＝28W			10	均带止回阀
风机盘管	FP-3.5	FP-6.3	FP-8		
风道尺寸	520×125	720×125	940×125		均设三速控制开关,
双层百叶送风口	500×200	700×200	900×200		单层百叶回风口带过滤网
单层百叶回风口	500×200	700×200	900×200		
台数	0 台	2 台	13 台		

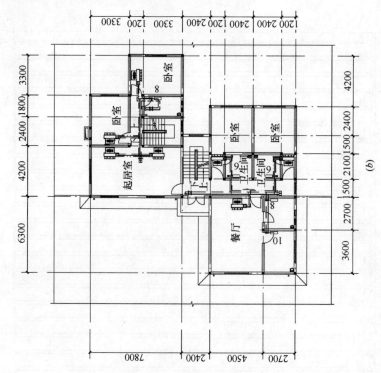

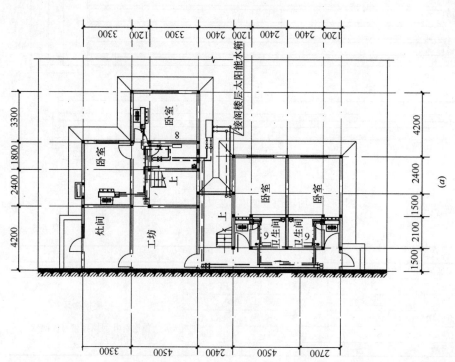

(a) 一层空调平面图; (b) 二层空调平面图

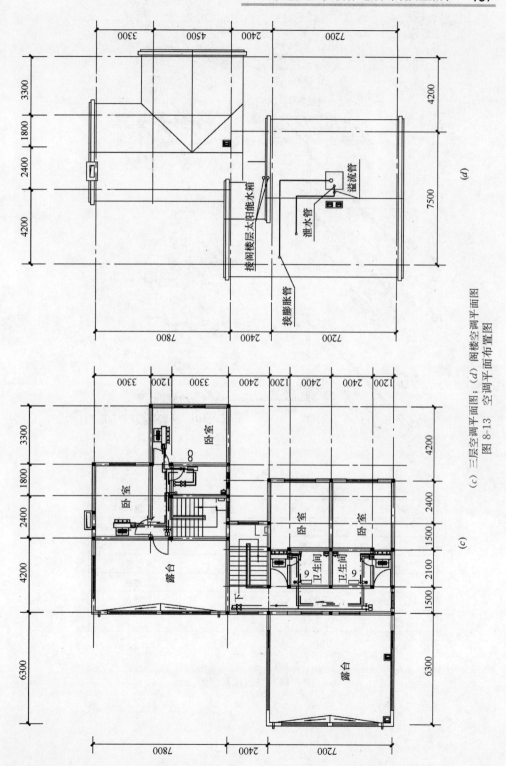

(c) 三层空调平面图; (d) 阁楼空调平面图

图 8-13 空调平面布置图

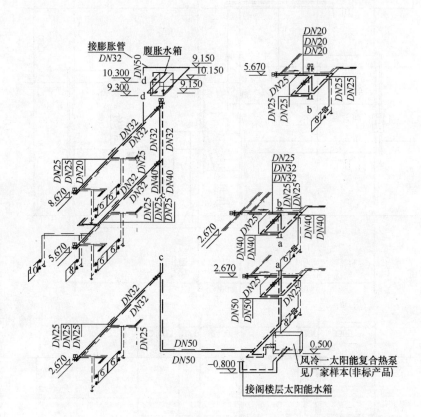

图 例

图 示	说 明	图 示	说 明
⋈　●	阀门	— — — —	空调冷、热水回水管
	坡降	——————	空调冷、热水供水管
⊢⊤	Y-型过滤器	– · – · – ·	凝水管
●⊐	自动放气阀	⊠	温控阀
▤　⬚	百叶风口	▭	散热器
▱	土炕		

图 8-14   空调水系统图

8.4.5　热泵机组的选型

热泵机组采用山东贝莱特公司生产的模块化热泵机组，型号为 HRF30TFH，如图 8-15 所示，该机组由大金涡旋式压缩机、空气侧翅片式换热器、水侧板式换热器和丹佛斯热力膨胀阀、电磁阀以及日本华鹭四通阀等部件组成，性能参数见表 8-6。实验机组经设定后自动运行。

图 8-15　模块化热泵机组

太阳能/空气源复合式热泵机组参数　　　　　表 8-6

机组型号		HRF30TFH
名义制冷量（kW）		30
名义制热量（kW）		33.4
压缩机	形式	涡漩压缩机
	数量（台）	2
	制冷功率（kW）	4.88×2
	制热功率（kW）	4.89×2
风机	形式	低噪音轴流风扇
	数量（台）	2
	制冷功率（kW）	0.27×2
冰水器	形式	套管
	水流量（m³/h）	5.1
	接管尺寸	3/2'
	水侧压力损失（bar）	0.4

机组型号		HRF30TFH
吸收器	形式	套管
	水流量（m³/h）	5.1
	接管尺寸	3/2′
	水侧压力损失（bar）	0.4
机组尺寸	长（mm）	1940
	宽（mm）	810
	高（mm）	1130
制冷剂	种类	R22
	填充量（kg）	5.4×2
机组重量（kg）		300
噪音（dB）		66
机组电源		380V/3ph/50Hz

注：1. 机组制冷量及压缩机的消耗功率标定工况：冷凝器进风干球温度35℃，湿球温度24℃，蒸发器进水温度12℃，出水温度7℃。吸收器进水温度35℃；

2. 机组制热量及压缩机的消耗功率标定工况：室外环境干球温度7℃，湿球温度6℃，蒸发器进水温度40℃，出水温度45℃。辅助吸收器进水温度13℃。

8.4.6 太阳能空气源热泵系统的运行评价

为考查太阳能/空气源复合式热泵系统的运行性能，课题组先后对本应用实例进行了现场测试。在室内温度保持一定的条件下，于2011年1月与2011年8月先后进行了冬季和夏季的系统性能测试，从热泵系统性能系数（COP）和热泵系统季节能效比（夏季 SEER，冬季 HSPF）等评价指标对热泵系统性能进行了分析。

1. 夏季制冷工况

测试时间选在2011年8月，市外环境温度从25～35℃之间变化，保持室内温度一定，分别测试了系统的制冷量、耗电量，研究不同室外温度对机组性能的影响。

热泵系统的性能系数为：

$$COP = \frac{Q}{W} \tag{8-1}$$

式中：COP——热泵系统的性能系数；

  Q——热泵系统的制冷（热）量，kW；

  W——系统耗电量，kW。

热泵系统 COP 随工况变化，该指标适用于在同一工况下（如国家规定的标准工况）对不同机组系统的能效进行比较。由于不同机组系统 COP 随工况变化的情况不同，因此不能断定标准工况下 COP 高的机组系统使用能耗就低。

为了正确评价，1975 年，美国首先提出了季节能效比的概念，并写入了 ARI 和 ASHRAE 标准中。根据我国国家标准《房间空气调节器》GB/T 7725—2004，季节能效比按夏季和冬季分为 $SEER$ 和 $HSPF$（制热季节性能系数）。季节能效比的定义是在正常的制冷或制热季节，空调器在特定地区的总制冷量或制热量与总输入能量之比。它不仅考虑了稳态效率，还考虑了变化的环境和各种功耗，是全面客观评价空调器和热泵机组性能的理想方法。

$SEER$（$HSPF$）值的定义式为：

$$SEER(HSPF) = \frac{整个季节的制冷量（制热量）}{整个季节的耗电量} = \frac{\sum Q_t \times h_t}{\sum W_t \times h_t} \quad (8\text{-}2)$$

实验测试按系统运行方式分为"单一风冷"模式和"风冷＋水冷"模式（热水供生活使用）。

(1)"单一风冷"空气源热泵运行模式

由图 8-16 可见，图中蓝点为系统 COP 测试点，在测试温度区间内系统 COP 从 2.5 变化到 2.9。因为夏季随着环境温度增加，冷凝器进口空气温度升

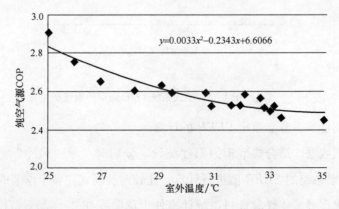

图 8-16　"单一风冷"模式系统 COP 随室外温度的变化

高，使冷凝器工作环境恶化，过冷度减少，造成制冷剂在冷凝器中不能及时液化，翅片冷凝器的冷凝效果逐渐下降，所以系统 COP 值下降。随着室外环境温度的增加，系统 COP 值逐渐下降。

图中曲线是对实验测试的拟合，表示室外温度相对夏季瞬时纯空气源 COP 的拟合，采用公式为：

$$y = 0.0033x^2 + 0.2343x + 6.6066 \tag{8-3}$$

式中：x——室外温度，℃；

y——瞬时 COP。

（2）复合热源热泵系统运行模式

如图 8-17 所示，此模式下系统 COP 值从 2.5 变化到 3.4，低温区的系统性能优于"单一风冷模式"，体现了本系统的优势。

系统性能的拟合仍采用二次方曲线，公式为：

$$y = 0.0083x^2 + 0.5923x + 13.0739 \tag{8-4}$$

式中：x——室外温度；

y——瞬时 COP。

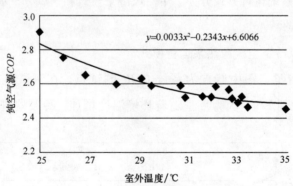

图 8-17 "风冷＋水冷"模式系统 COP 随室外温度的变化

（3）系统夏季季节能效比 SEER 的计算

根据测试数据，结合典型年的温度统计，分别对"单一风冷"热泵系统和"复合式"热泵系统的 SEER 值进行计算，比较两种模式在整个季节的性能。

根据天津市典型年气象资料，统计室外干球温度在 25～35℃范围内的小时数，见表8-7。

典型年夏季气象资料温度区间统计表　　　　表 8-7

温度（℃）	25.0	25.1	25.2	25.3	25.4	25.5	25.6	25.7	25.8	25.9
小时数（h）	30	27	37	31	31	19	37	34	38	25
温度（℃）	26.0	26.1	26.2	26.3	26.4	26.5	26.6	26.7	26.8	26.9
小时数（h）	38	27	37	32	29	32	32	29	33	26
温度（℃）	27.0	27.1	27.2	27.3	27.4	27.5	27.6	27.7	27.8	27.9
小时数（h）	30	27	27	32	28	22	19	17	26	15
温度（℃）	28.0	28.1	28.2	28.3	28.4	28.5	28.6	28.7	28.8	28.9
小时数（h）	26	22	23	17	21	23	11	18	16	21
温度（℃）	29.0	29.1	29.2	29.3	29.4	29.5	29.6	29.7	29.8	29.9
小时数（h）	26	19	11	16	15	8	18	15	15	17
温度（℃）	30.0	30.1	30.2	30.3	30.4	30.5	30.6	30.7	30.8	30.9
小时数（h）	10	13	11	15	13	15	9	8	10	14
温度（℃）	31.0	31.1	31.2	31.3	31.4	31.5	31.6	31.7	31.8	31.9
小时数（h）	4	11	9	6	12	9	9	8	7	6
温度（℃）	32.0	32.1	32.2	32.3	32.4	32.5	32.6	32.7	32.8	32.9
小时数（h）	6	2	6	10	6	7	4	4	3	8
温度（℃）	33.0	33.1	33.2	33.3	33.4	33.5	33.6	33.7	33.8	33.9
小时数（h）	4	4	5	3	4	5	2	4	1	3
温度（℃）	34.0	34.1	34.2	34.3	34.5	34.7	34.9	35.0		
小时数（h）	1	1	2	4	3	1	1	1		

根据拟合公式（8-3）、拟合公式（8-4）以及公式：

$$SEER = \frac{\Sigma(N \times COP_{瞬时})}{T} \tag{8-5}$$

分别计算出双热源夏季季节能效比和纯空气源夏季季节能效比。

式中：$SEER$——夏季季节能效比；

$COP_{瞬时}$——瞬时能效比；

N——某一时刻室外温度所累积的时间，依照天津市气象参数，累加出某一温度（本部分温度值取到小数点后一位）在全年中出现的小时数；

T——室外温度总累积时间，天津市 25～35℃取 1519 小时，－10～

5℃取 2619 小时。

通过上式计算所得双热源夏季季节能效比为 3.039，纯空气源冬季季节能效比为 2.650。

再根据公式：

$$n = \frac{双热源季节能效比 - 纯空气源季节能效比}{纯空气源季节能效比} \tag{8-6}$$

计算出节能率，通过上式计算系统夏季季节能效比 $SEER$ 提高 14.68%。

2. 冬季制热工况的测试与分析

测试时间选在 2011 年 1 月，测试期间室外温度范围在 -10～5℃间，冬季制热工况分两种模式测试，一种是单纯的空气源热泵运行模式，另一种是双热源热泵运行的模式，从而进行能效对比。

(1) "单一风冷"空气源热泵运行模式

采用单一空气热源运行时，系统的 COP 从 1.6 变化到 3.7，图 8-18 所示，室外温度上升 COP 上升。因为，随着室外温度的上升，建筑热负荷减小，所需的供热量减小，相应的耗电量也随之降低，所以系统 COP 提高。

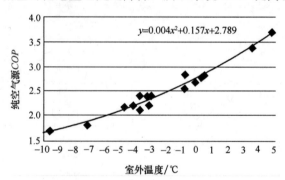

图 8-18 空气源热泵运行模式下系统 COP 与室外温度的关系

室外温度相对冬季瞬时纯空气源 COP 的拟合曲线公式为：

$$y = 0.004x^2 + 0.157x + 2.789 \tag{8-7}$$

式中：x——室外温度；

y——瞬时 COP。

(2) 复合热源热泵系统运行模式

采用复合热源运行时，系统 COP 从 2.6 变化到 4.3，图 8-19 所示，表明在

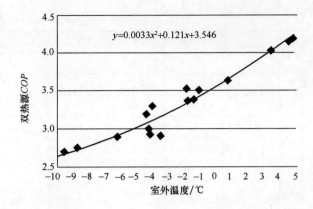

图 8-19 双热源热泵运行模式下系统 COP 与室外温度的关系

室外高温区系统性能要优于单一空气热源系统。双热源运行时耗电量随室外温度变化的斜率减小十分明显，说明室外温度对双热源系统能效的影响减弱。室外温度低于 0℃后，双热源运行 COP 变化趋缓，几乎不随室外温度变化，说明太阳能系统提供了主要热量。

室外温度相对冬季瞬时双热源 COP 的拟合曲线公式为：

$$y = 0.003x^2 + 0.121x + 3.546 \qquad (8-8)$$

式中：x ——室外温度，℃；

$\quad\quad y$ ——瞬时 COP。

（3）系统冬季季节能效比 $HSPF$ 值的计算

典型年冬季气象资料温度区间统计表 表 8-8

温度℃	小时数	温度℃	小时数	温度℃	小时数	温度℃	小时数
5	12	3.9	13	2.8	17	1.7	17
4.9	7	3.8	9	2.7	17	1.6	23
4.8	13	3.7	10	2.6	22	1.5	24
4.7	11	3.6	13	2.5	22	1.4	22
4.6	12	3.5	13	2.4	27	1.3	17
4.5	18	3.4	11	2.3	23	1.2	19
4.4	13	3.3	9	2.2	23	1.1	23
4.3	8	3.2	16	2.1	20	1	20
4.2	10	3.1	13	2	23	0.9	25
4.1	17	3	20	1.9	20	0.8	19
4	14	2.9	16	1.8	18	0.7	13

温度℃	小时数	温度℃	小时数	温度℃	小时数	温度℃	小时数
0.6	19	−2.6	22	−5.8	16	−9	6
0.5	16	−2.7	21	−5.9	15	−9.1	10
0.4	27	−2.8	15	−6	11	−9.2	4
0.3	18	−2.9	16	−6.1	11	−9.3	8
0.2	23	−3	33	−6.2	23	−9.4	5
0.1	29	−3.1	19	−6.3	17	−9.5	7
0	18	−3.2	20	−6.4	9	−9.6	6
−0.1	17	−3.3	18	−6.5	7	−9.7	5
−0.2	19	−3.4	21	−6.6	10	−9.8	4
−0.3	24	−3.5	18	−6.7	10	−9.9	5
−0.4	15	−3.6	24	−6.8	12	−10	4
−0.5	18	−3.7	19	−6.9	16	−10.1	5
−0.6	26	−3.8	21	−7	15	−10.2	2
−0.7	13	−3.9	20	−7.1	9	−10.3	5
−0.8	16	−4	15	−7.2	9	−10.5	3
−0.9	29	−4.1	19	−7.3	13	−10.7	1
−1	35	−4.2	13	−7.4	11	−10.8	3
−1.1	24	−4.3	22	−7.5	10	−10.9	2
−1.2	23	−4.4	18	−7.6	8	−11	1
−1.3	26	−4.5	19	−7.7	9	−11.1	1
−1.4	34	−4.6	21	−7.8	11	−11.2	2
−1.5	29	−4.7	13	−7.9	6	−11.3	2
−1.6	28	−4.8	15	−8	10	−11.4	1
−1.7	10	−4.9	15	−8.1	9	−11.6	1
−1.8	17	−5	15	−8.2	7	−12.1	1
−1.9	14	−5.1	13	−8.3	9	−12.9	1
−2	30	−5.2	16	−8.4	10	−13	1
−2.1	17	−5.3	12	−8.5	10	−13.6	1
−2.2	23	−5.4	11	−8.6	9	−13.9	1
−2.3	17	−5.5	18	−8.7	6		
−2.4	23	−5.6	11	−8.8	4		
−2.5	20	−5.7	12	−8.9	11		

对天津地区典型年气象资料进行整理，以 0.1℃ 为间隔温度段统计出每个温度间隔段在一个供暖期出现的小时数，温度范围为从 +5℃ 至整个供暖季出现的最低温度，见表 3-5。

根据拟合公式（3.7）、拟合公式（3.8）以及公式：

$$HSPF = \frac{\Sigma(N \times COP_{瞬时})}{T} \tag{8-9}$$

分别计算出双热源冬季季节能效比和纯空气源冬季季节能效比。

式中：$HSPF$——冬季季节能效比；

$COP_{瞬时}$——瞬时能效比；

N——某一时刻室外温度所累积的时间，依照天津市气象参数，累加出某一温度（本部分温度值取到小数点后一位）在全年中出现的小时数；

T——室外温度总累积时间，天津市 $-10\sim5℃$ 取 2619 小时。

通过上式计算所得双热源冬季季节能效比为 3.434，纯空气源冬季季节能效比为 2.646，冬季季节能效比 HSPF 提高 29.79%，节能效果十分显著。

8.5 太阳能/空气源复合式热泵系统的经济性分析

8.5.1 经济性分析的理论基础

工程经济学分析是建立在工程学和经济学之上，在有限的资源条件下，运用有效方法，对多种可行方案进行评价和决策，从而确定最佳方案的学科。工程离不开技术，而先进的技术不一定在工程中能够应用，因为先进的技术不一定能够保证工程的经济性要求。技术与经济是人类进行物质生产所不可缺少的两个方面，在生产实践中相互促进和相互制约。

技术的发展要受到各种条件的制约，这是由于技术的实现总是要依靠当时当地的具体条件，包括自然条件、经济条件、社会条件等。条件不同，技术所带来的经济效益也就不同。有不少技术，如果单从技术本身来看，都是比较先进的，不过在一定条件下，某一种技术可能是最经济，效果较好，在实践中被采用；而另几种技术可能是不太经济，效果较差，在实践中一时不能采用。但是，随着事物的发展变化，原来不经济的技术可以转化为经济的技术。原来经济的技术也可能转化为不经济的技术。本文在当前的技术条件下对太阳能/空气源复合式热泵系统进行经济性分析。

1. 工程经济分析的原则

（1）工程项目通常都是由许多个子项目所组成，每个项目的组成都有自己的寿命周期，因此工程项目的分析方法只能是全面的、系统的分析方法。任何工程项目都是一个开放的系统，都处于社会经济大系统之中，与之有着信息和能量的交换和对社会、生态环境的影响。工程经济分析要坚持系统论的观点，在提高项目的经济效益的同时必须兼顾社会效益。

（2）人类的资源是有限的，但人们的需求是递增的、无限的。如何使有限的资源为社会创造出更多、更好的产品和服务是我们的最终目的，以资源的最优配置为原则，选择那些技术上可行、经济上合理的项目。

（3）在对项目进行评价时要采取定性分析与定量分析相结合的原则。首先能定量的效益与费用要尽量量化，因为只有这样才更有说服力，才能对项目做出较准确的评价。有些内容是很难（或不能）量化的，需要进行定性分析，作为定量分析的补充。

（4）静态与动态之分在于考虑不考虑资金的时间价值，对项目评价不考虑时间价值称为静态评价，它适用于对项目的粗略评价。考虑时间价值称为动态评价，它适用于对项目进行详细评价。为了更科学、更全面地反映项目的经济情况，必须对其进行详细评价，应采用静态评价与动态评价相结合的方法。

（5）对项目进行评价主要基于项目未来效益的估计，然而影响未来的因素是众多的，决策者要充分考虑（估计到）项目未来的发展或变化情况，评价结论的准确性很大程度上依赖于预测。

（6）微观经济效益是个体的、局部的，是宏观经济效益的基础。没有微观经济效益的提高，宏观经济效益的提高也是难以实现的。总之要正确处理微观经济效益与宏观经济效益的关系，在合理利用资源，保护环境与生态的前提下，以尽量少的劳动消耗，生产和提供更多、更好的符合人和社会需要的产品和服务。

（7）任何项目上马，不能只顾眼前利益，要以发展的眼光，从长远的角度看问题，使项目具有长期的生命力，要正确处理短期（当前）经济效益与长期经济效益的关系。

2. 工程经济分析的基本要素

在工程项目经济分析中，投资、成本、收入、税费和利润是进行项目经济评价和方案比选的基本要素。不同的选址方案、产品方案、工艺路线、规划设计方案、融资方案和经营方案，投入不同的投资，耗费不同的成本，产生不同的收入、销售税费，创造不同的利润。因此，进行工程项目经济分析必须首先清楚投资、成本、收入、销售税贸和利润的概念、构成及其相互关系。

（1）总投资

总投资是指项目建设和投入运营所需要的全部投资，为建设投资、建设期利息和全部流动资金之和。其中，建设投资由建筑安装工程费、设备及工器具购置费、工程建设其他费用和预备费四部分组成。建设期利息包括项目债务资金在建设期内发生并计入固定资产的利息和其他融资贷用。流动资金是指企业在生产经营时，用于购买原材料、燃料等投入生产，经过加工制成产品，经过销售回收的资金。

（2）成本

成本费用是企业在运营期内为生产产品或提供服务所发生的全部费用。在实际工作中，成本费用的构成与估算可从不同角度解读。

从构成总成本费用的生产要素来看，总成本费用由外购原材料费、外购燃料和动力费、工资及福利费、修理费、其他费用、折旧费、摊销费和利息支出构成。即：

总成本费用＝外购原材料费＋外购燃料和动力费＋工资及福利费＋修理费＋

其他费用＋折旧费＋摊销费＋利息支出 （8-10）

或

总成本费用＝经营成本＋折旧费＋摊销费＋利息支出 （8-11）

（3）收入

营业收入是指项目建成投入使用后，生产销售产品或提供服务的所得。一般销售产品的所得称为销售收入，提供服务的所得称为营业收入。这里所介绍的营业收入是两者的统称。

营业收入估算的基础数据包括产品或服务的数量，两者均与市场预测密切相关。在估算营业收入时应对市场预测的相关结果以及建设规模、产品或服务方案进行详细论证，特别应对采用价格的合理性进行说明。

（4）税金

营业税金及附加是根据商品或服务的流转额征收的税金，主要包括营业税、增值税、消费税、城市维护建设税及教育费附加等。项目具体涉及的税种和税率应根据项目具体情况而定。

（5）利润

利润是企业在一定时期内的经营成果，集中反映企业生产经营各方面的效益。按照现行会计制度规定，利润总额等于营业利润、投资净收益、补贴收入及营业外收支净额的代数和。营业利润等于主营业务利润加上其他业务利润。在工程项目经济分析时，为简化计算，假定不发生其他业务利润，也不考虑投资净收益、补贴收入和营业外收支净额，则利润的估算公式为：

$$利润总额＝营业收入－营业税金及附加－总成本费用 \tag{8-12}$$

3. 方案评价比选方法

进行太阳能/空气源复合热泵的经济性分析是以空气源热泵作为参照的，即对两个方案的经济性进行分析，从中比选出性价比较优的一方。这两个方案属于互斥方案且计算期相同，可以直接按照经济评价指标值进行比选，具体比选方法有净现值比较法、差额投资分析法和最小费用法等。

（1）净现值比较法

计算备选方案的财务净现值，取备选方案中财务净现值最大者为最优方案。

可以证明，当基准收益率一定，各方案计算期相同时，取备选方案财务净现值（FNPV）、净年值（AW）、净终值（FW）三种尺度判定最优方案的结论是一致的，故可以根据计算的简便需要，采用净现值法、净年值法和净终值法。实际工作中，因财务净现值的时点易被接受，且其概念清楚，人们经常计算财务净现值进行互斥方案比选。

（2）差额投资分析法

差额投资分析法是用投资大的方案减去投资小的方案，得到差额投资现金流量，然后通过计算差额投资现金流量的经济评价指标，评价差额投资现金流量的可行性，判断差额投资是否值得，进行方案比选。

可以看出，差额投资分析法因每次只能比较两个备选方案，故当备选方案多于两个时，差额投资分析法比选效率不如净现值法高。但因差额投资分析法每次比较剔除了共性投资的影响，专注分析差额投资现金流量，评价结论具有更强说服力，因此，在实践中，差额投资分析法仍为常用的分析方法之一。

（3）最小费用法

从严格意义上讲，最小费用法不是一种独立的互斥方案比选方法，而是净现值比较法不考虑收益时的一种特例。在互斥方案比选中，经常会遇到这种情况：参加比选的方案效益相同或基本相同，且方案产生的效益无法或难以用货币计量，比如一些教育、环保等项目。此时，可假设各方案收益相同，方案比较时不考虑收益，而仅对备选方案的费用进行比较，以备选方案中费用最小者作为最优方案，这种方法称为最小费用法。

8.5.2 太阳能/空气源复合式热泵系统经济性分析

太阳能/空气源复合式热泵的初投资高于空气源热泵，运行费用又较空气源热泵低，因此应对两个系统的经济性进行综合分析比较，才能判定其经济效益。本节以太阳能/空气源复合式热泵系统示范工程为例，对其进行综合经济性分析，并在相同冷、热负荷下，与用空气源热泵进行技术经济方案比较。

1. 主要经济性数据

（1）初投资：指太阳能/空气源复合式热泵系统各部分投资之和，其中包含有：设备第一次购置的费用、设备安装费及其他一些费用。本课题示范项目太阳能/空气源复合式热泵系统工程初投资见表 8-9。

太阳能热泵空调工程设备费用 表 8-9

项目	总计（元）	分项名称	造价（元）
太阳能/空气源复合热泵系统	157082	复合热泵机组	30000
		风机盘管	6082
		空调系统管路	72518
		太阳能集热器	10000
		太阳能热水管路	38482

注："风机盘管"造价（仅为测试部分）包括：型号 FP-3.5（1 台，单价：380 元）、型号 FP-6.3（9 台，单价：510 元）、型号 FP-8（2 台，单价：556 元），共 12 台，总价：6082 元；"系统管路"造价（仅为测试部分）分为太阳能热水和空调系统管路两部分，包括：水泵、水箱、管道、管件、保温、阀门等，造价分别为 72518 和 38482 元；太阳能集热器造价 10000 元。

空气源热泵系统在此基础上不包括太阳能集热器和太阳能热水管路，造价108600元。

（2）年运行费：指系统各部分的运行费，包括能耗费（水费、电费、燃料费）、维修费、人工费等。

（3）年经营成本：年经营费为固定费与运行费之和。

2. 相关参数选取

（1）气象参数：按照天津地区供暖、空调室内外计算气象参数。

天津市蓟县某别墅空调参数　　　　　　表 8-10

冬季空调室外计算温度	冬季通风室外计算温度	夏季空调室外计算温度	夏季通风室外计算温度	夏季空调室外计算湿球温度
−11℃	−4℃	33.4℃	29℃	26.9℃

（2）太阳能/空气源复合式热泵系统季节能效比按照夏季 3.039，冬季 3.434（见第五节）计算。

（3）能耗指标：各种燃料的热值及价格见表 8-11 所示。

常规能源市场价格及热值　　　　　　表 8-11

能源类型	热　值	价　格
电	3.6MJ/(kW·h)	0.75 元/(kW·h)
标准煤	29.308MJ/kg	800 元/t
天然气	38.7MJ/Nm³	2.5 元/Nm³
水	—	3.4 元/m³

3. 经济性分析结果

选择两种方案进行对比：方案一，空气源热泵系统；方案二，太阳能/空气源复合热泵系统。采用了如图 8-20 经济模型进行分析。

将方案一和方案二进行对比，按空调期、供暖期分别为 120 天，每天平均运行 9 小时，夏季空调总冷负荷（仅测试部分）约为 39.15kW 左右，冬季空调总热负荷（仅测试部分）约为 22.03kW，为了便于分析比较，将单风冷运行模式按空气源热泵计算，风冷＋水冷联合运行模式按此复合热源热泵计算。空气源热泵机组由于存在在室外温度−8℃时启动困难，需增加功率为 22.03kW 的辅助电加热设备，解决在严寒情况下供暖问题。根据天津地区典型年气象资料统计，一年低于-8℃的时间为173小时。冷却水系统补水量取冷却水循环水量的2%，计算水费。则通过计算，得到空气源热泵系统和太阳能/空气源复合热泵系统经济性指标对比列于表8-12。

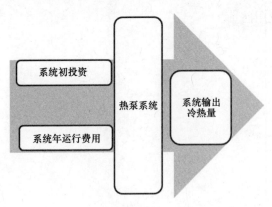

图 8-20 系统经济性模型示意图

风冷热泵系统和太阳能/空气源复合热泵系统的经济性指标对比　　表 8-12

项　　目	风冷热泵系统		太阳能/空气源复合热泵	
	夏季供冷	冬季供热	夏季供冷	冬季供热
系统 COP	2.650	2.646	3.039	3.434
年耗费电能(kW·h)	16206.68	17866.67	14132.18	7037.56
年水费(万元)	—	—	0.025	0.025
年需要的电费(万元)	1.22	1.34	1.06	0.53
年维护费用(万元)	0.48		0.67	
年运行费合计(万元)	3.04		2.31	
寿命期内的总运行费用(万元)	39.82		30.26	
初投资费用(万元)	10.86		15.71	
寿命期终值时的总费用(万元)	50.68		45.97	

注：以上采用静态评价法进行计算，不考虑利率增值对投资、电费、维修费用等的影响。

通过分析表明，虽然太阳能/空气源复合热泵系统的初投资比空气源热泵要高，但是，太阳能/空气源复合热泵系统整个寿命期内总费用和年运行费用比空气源热泵系统分别减少9.29%，24.01%，综合初投资和运行费用两方面，由于前者更节省电能，因此在综合经济性上仍然具有一定的优势。显然，在条件适宜的情况下，采用太阳能/空气源复合热泵系统更为经济。

总之，通过以上分析，太阳能/空气源复合热泵系统在此类建筑应用，经济上是可行的，而且从长远看，伴随着技术的发展和人们节能环保意识的增强，该系统具有很好的应用前景。

参 考 文 献

[1] 张曰林，成冰. 农村太阳能开发与利用[M]. 山东：山东科学技术出版社，2009.

[2] 王君一，徐任学，孙喆等. 农村太阳能实用技术[M]. 北京：总后金盾出版社，2000.

[3] 郭廷伟，刘鉴民. 太阳能的利用[M]. 北京：科学技术文献出版社，1987.

[4] 项立成，赵玉文，罗运俊. 太阳能的热利用[M]. 北京：宇航出版社，1990.

[5] 冷长庚. 太阳能及其利用. 北京：科学出版社，1975.

[6] 施玉川，李新德. 太阳能应用[M]. 陕西：陕西科学技术出版社，2001.

[7] 鲁楠. 新能源概论[M]. 北京：中国农业出版社，1997.

[8] 北京市建设委员会. 新能源与可再生能源利用技术[M]. 北京：冶金工业出版社，2006.

[9] 朱敦智，刘君，芦潮. 太阳能供暖技术在新农村建设中应用[J]. 农业工程学报，2006，22(10)：167～170.

[10] 温兴煜，刘林成. 打造住宅楼共用太阳能热水器[J]. 科技中国，2009，(7)：94.

[11] 李勇，胡明辅，赵宏伟等. 平板型与真空管型太阳能热水器发展状况分析[J]. 应用能源技术，2007，(11)：36-39.

[12] 胡润青，李俊峰. 全球太阳能热水器产业与技术发展状况及启示[J]. 太阳能，2007，(2)：8-11.

[13] 朱建坤，艾捷，张玉明. 新型U型真空管阳台式太阳能热水器[J]. 太阳能，2009，(10)：58-60.

[14] 金泽芳. 浅析真空管太阳能热水器在农村的发展[J]. 宁夏农林科技，2010，(6)：117.

[15] 徐学清. 几种热水器的使用比较[J]. 山东农机化，2005，(1)：30

[16] 吴宝华，余涛. 清洁能源——太阳能的应用与展望[J]. 应用能源技术，2004，(4)：48-49.

[17] 赵大伟. 太阳能热水器[J]. 新农业，2002，(7)：57-58.

[18] 李永涛. 新型平板式太阳热水系统亮相太阳城[J]. 中国建设动态：阳光能源，2005，(6)：77.

[19] 张学方. 太阳能在热水系统中的应用与效益分析[J]. 科技创新导报，2009，(32)：213.

[20] 韩雷涛，谢建，陈华. 云南太阳热水与建筑结合的技术经济分析[J]. 建筑节能，2007，35(8)：45-48.

[21] 吴亮，邓敬莲，曹静. 浅谈分体式太阳能热水系统[J]. 太阳能，2009，(1)：31-33.

[22] 张连宝，宋月巧. 新型水源热泵井水系统的应用[J]. 节能与环保，2008，(5)：30-32

[23] 唐海兵. 结合燃气加热的家庭太阳能热水系统水力工况[J]. 能源技术，2006，27(6)：279-281.

[24] 李庆祝，朱立东. 可随时上水的全玻璃真空管太阳热水器[J]. 太阳能，2006，(2)：58.

[25] 木子. 太阳能热水器的使用[J]. 大众用电，2010，(8)：42.

[26] 李文涛. 太阳热水器的性能与选购[J]. 大众标准化，2004，(6)：19-20.

[27] 孟超. 选购太阳能热水器要四看[J]. 现代家电，2002，(11)：56.

[28] 吕麾. 太阳能热泵中央热水系统[J]. 经济技术协作信息，2011，(9)：142.

[29] 吕凤芹. 太阳能热水器与建筑的有机结合[J]. 煤气与热力，2002，22(5)：437-438.

[30] 黄素逸，高伟. 能源概论[M]. 北京：高等教育出版社，2004.

[31] 陈家良，邵震杰，秦勇. 能源地质学[M]. 江苏：中国矿业大学出版社，2005.

[32] 杨京兰. 中国能源的未来[OL]. 中国能源信息网(www.nengyuan.net)，2011-05-05/2011-06-15.

[33] 李先瑞，郎四维. 热泵的现状与展望[J]. 建筑热能通风空调，1999，18(3)：41-44.

[34] 尹茜，刘存芳. 太阳能热泵的研究及应用[J]. 节能技术，2006，24(3)：236-239.

[35] 旷玉辉，王如竹，许煜雄. 直膨式太阳能热泵供热水系统的性能研究[J]. 工程热物理学报，2004，25(5)：737-740.

[36] 矫洪涛，王学生等. 太阳能热泵技术研究进展[J]. 能源技术，2007，28(5)：270-274.

[37] 旷玉辉，于立强等. 太阳能热泵供热系统的实验研究[J]. 太阳能学报，2002，23(4)：409-413.

[38] 旷玉辉，王如竹. 太阳能热泵热水器[J]. 太阳能，2003，(4)：13-15.

[39] 旷玉辉，王如竹. 太阳能热泵[J]. 太阳能，2003，(2)：22-24.

[40] 旷玉辉，王如竹. 太阳能热利用技术在我国建筑节能中的应用与展望[J]. 制冷与空调，2001，1(4)：27-34.

[41]　方荣生，项立成等. 太阳能应用技术[M]，北京：中国农业机械出版社，1985.

[42]　郁永章. 热泵原理与应用[M]. 北京：机械工业出版社，1993.

[43]　徐邦裕，陆亚俊，马最良. 热泵[M]. 北京：中国建筑工业出版社，1988.

[44]　张昌. 热泵技术与应用[M]. 北京：机械工业出版社，2008.